国家自然科学基金青年科学基金项目(51804184)资助
山东省自然科学基金重点项目(ZR2020KE023)资助
山东省自然科学基金项目(ZR2021MD057)资助
中国煤炭工业协会科学技术研究指导性计划项目(MTKJ2018-261)资助

奥陶系灰岩上部注浆改造理论与实践

邱　梅　施龙青　翟培合　韩　进／著

U0337587

中国矿业大学出版社

·徐州·

内 容 提 要

本书针对奥陶系灰岩上部注浆改造,以肥城煤田为研究背景,在充分收集肥城煤田钻探资料、物探资料及开采资料的基础上,采用理论研究、数值模拟分析、实验室鉴定与测试、现场工程实践相结合的方法,对奥陶系灰岩上部岩溶发育规律及成因机理、注浆改造合适层位、注浆改造区域及厚度、裂隙岩体注浆扩散机制等方面进行了深入研究,并开展了注浆改造工程实践。

本书可供从事煤矿防治水工作的工程技术人员、管理人员、科研人员及其相关专业本科生、研究生、教师参考。

图书在版编目(C I P)数据

奥陶系灰岩上部注浆改造理论与实践/邱梅等著

. —徐州:中国矿业大学出版社,2023.7

ISBN 978 - 7 - 5646 - 5642 - 3

Ⅰ. ①奥… Ⅱ. ①邱… Ⅲ. ①奥陶纪—石灰岩—注浆加固—研究 Ⅳ. ①TD265.4

中国版本图书馆 CIP 数据核字(2022)第 211487 号

书　　名	**奥陶系灰岩上部注浆改造理论与实践**
著　　者	邱　梅　施龙青　翟培合　韩　进
责任编辑	黄本斌
出版发行	中国矿业大学出版社有限责任公司
	(江苏省徐州市解放南路　邮编 221008)
营销热线	(0516)83885370　83884103
出版服务	(0516)83995789　83884920
网　　址	http://www.cumt.com　**E-mail**:cumtpvip@cumtp.com
印　　刷	苏州市古得堡数码印刷有限公司
开　　本	787 mm×1092 mm　1/16　**印张** 9.5　**字数** 181 千字
版次印次	2023 年 7 月第 1 版　2023 年 7 月第 1 次印刷
定　　价	42.00 元

(图书出现印装质量问题,本社负责调换)

前　言

　　煤炭是支撑我国国民经济发展的主要能源之一,在我国的能源结构中占据主导地位,然而煤炭安全生产的现状却不容乐观。影响煤炭安全高效开采的因素有很多,其中矿井水害一直是制约我国采矿工程建设的主要因素之一,特别是我国华北型石炭-二叠纪煤田的绝大多数矿井已进入深部开采,在深部煤层开采过程中普遍受到底板奥陶系灰岩(简称"奥灰")岩溶水突出的威胁。1984 年 6 月 2 日,开滦矿务局范各庄矿出现了历史上罕见的特大型奥灰突水灾害,突水量达到 123 180 m³/h,仅 20 h 便淹没整个矿井,同时对相邻的两对矿井构成严重威胁,造成了巨大的经济损失和严重的不良社会后果。1993 年 1 月 5 日,肥城矿务局国家庄矿－210 m 水平北大巷在施工过程中发生底板奥灰突水,突水量达到 32 970 m³/h,使国家庄矿及相邻南高余矿、隆庄矿被淹,直接经济损失达 1.1 亿元。2010 年 3 月 1 日,神华乌海能源有限责任公司骆驼山矿在奥灰岩层中掘进 16# 煤层＋870 m 水平回风大巷时,掘进巷道底板和侧帮突然大量突水,瞬时最大突水量为 72 000 m³/h,造成 32 人死亡,突水水源为奥灰岩溶水。因此,开展受奥灰岩溶水威胁的深部煤炭资源安全高效开采技术的研究,是华北型煤田绝大多数矿井面临的重大课题。

　　长期以来,对于受奥灰岩溶水威胁的煤炭资源开采所采用的技术,主要是对煤层底板薄层灰岩进行注浆加固,以及对奥灰岩溶水进行疏水降压。然而,到了深部石炭纪下组煤开采,由于煤层与奥灰间隔水层厚度小,且因天然地质缺陷(断裂、裂隙、陷落柱等)和人为地质缺陷(采动裂隙、封闭不良钻孔等)的破坏,隔水层阻抗奥灰高承压水的能力严重不足,此时采用疏水降压及薄层灰岩注浆改造技术防治底板突水的效果明显不佳。目前采用对奥灰上部注浆改造加固防治高承压水突出已成为防治水技术发展的趋势,但其相关理论亟须深入研究。

肥城煤田是中华人民共和国成立以来最早开发的重要煤田之一,属于典型的华北型煤田和大水矿区,也是我国最早涉及奥灰上部注浆改造工程的煤田。本书以肥城煤田为研究对象,开展奥灰上部岩溶发育规律及其注浆改造研究,不仅具有重要的理论探索意义,而且具有重要的实践应用价值,能够为华北型煤田深部煤层开采奥灰突水的防治提供技术借鉴案例。本书在充分收集肥城煤田钻探资料及开采资料的基础上,采用理论研究、数值模拟分析、实验室鉴定与测试、现场工程实践相结合的方法,对奥灰上部岩溶发育规律及成因机理、奥灰上部注浆改造合适层位、奥灰上部注浆改造区域及厚度、奥灰上部裂隙岩体注浆扩散机制等方面进行了深入研究,并开展了注浆改造工程实践。

在本书的撰写过程中,得到了魏久传教授、贺可强教授、尹会永教授、卫文学副教授、赵卫东副教授、辛林副教授的大力帮助,在此表示衷心的感谢。同时对以张希平、辛恒奇、王则才、马金伟、肖猛、袁明旺、张秀军、尚亚平、段法坦等为代表的现场科技工作者,在项目实施及本书撰写过程中给予的支持和帮助表示衷心的感谢。本书出版受国家自然科学基金青年科学基金项目、山东省自然科学基金重点项目、山东省自然科学基金项目、中国煤炭工业协会科学技术研究指导性计划项目等的资助,另外也受山东科技大学地球科学与工程学院学科专业经费资助,在此表示感谢。

由于作者水平有限,书中疏漏之处在所难免,敬请广大读者批评指正。

著　者

2021 年 7 月于青岛

目　　录

1　绪　　论

1.1　研究背景及意义

我国煤炭资源储量丰富且分布极为广泛,煤炭资源在我国能源结构中占据首要战略地位。2011—2020 年我国一次能源生产结构为:原煤平均占72.0％,原油平均占 7.9％,天然气平均占 5.0％,一次电力及其他能源平均占15.1％[图 1-1(a)];2011—2020 年我国能源消费结构为:原煤平均占 63.2％,

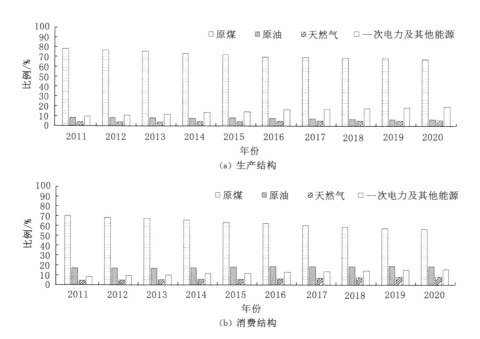

图 1-1　我国一次能源生产结构及消费结构

原油平均占 18.1%,天然气平均占 6.3%,一次电力及其他能源平均占 12.4%[图 1-1(b)]。从整体来看,尽管国家在积极鼓励、促进和支持新能源技术的发展及应用,原煤生产和消费所占能源总量的比例有所下降,但变化仍趋于小幅度减小趋势,所以在相当长的时期内,煤炭在我国能源结构中的主导地位是不会改变的。因此,煤炭产业的健康可持续发展,关系我国的近景和远景能源战略安全。

我国许多煤田水文地质条件十分复杂,煤层开采过程中受多种水体的威胁,仅北方主要矿区受岩溶水威胁的煤炭储量就超过 150 亿 t[1-2]。我国华北型煤田开采历史较长,主要开采石炭-二叠系的山西组和太原组煤层,随着矿井开采水平的不断延伸,开采深度以及开采强度不断加大,煤层赋存条件和水文地质条件日趋复杂[3]。进入深部开采的华北型煤田,例如山东的肥城矿区、淄博矿区,河北的峰峰矿区、邢台矿区、开滦矿区、井陉矿区,河南的焦作矿区,陕西的韩城矿区、澄合矿区等,在工作面推进过程中普遍受到底板灰岩类岩溶水突出的威胁,特别是底板奥灰岩溶水突出的威胁,即通常所说的"奥灰突水"。根据相关资料不完全统计[4],在煤矿突水事故案例中,底板灰岩类岩溶裂隙含水层突水事故占主导地位,而在灰岩类岩溶水突水事故中,奥灰突水往往因突水量巨大,造成的经济损失及人员伤亡最为严重。1984 年 6 月 2 日,开滦矿务局范各庄矿出现了历史上罕见的特大型奥灰突水灾害,突水量达到 123 180 m³/h,仅 20 h 便淹没整个矿井,同时对相邻的两对矿井构成严重威胁,造成了巨大的经济损失和严重的不良社会后果[5]。1993 年 1 月 5 日,肥城矿务局国家庄矿-210 m 水平北大巷在施工过程中发生底板奥灰突水,突水量达到 32 970 m³/h,使国家庄矿及相邻南高余矿、隆庄矿被淹,直接经济损失达 1.1 亿元。2010 年 3 月 1 日,神华乌海能源有限责任公司骆驼山矿在奥灰岩层中掘进 16# 煤层＋870 m 水平回风大巷时,掘进巷道底板和侧帮突然大量突水,瞬时最大突水量为 72 000 m³/h,造成 32 人死亡,突水水源为奥灰岩溶水。可见,开展受奥灰岩溶水威胁的深部煤炭资源安全高效开采技术的研究,是华北型煤田绝大多数矿井面临的重大课题。

肥城煤田是中华人民共和国成立以来最早开发的重要煤田之一,已进入深部下组煤的开采,由于断裂构造发育、水文地质条件复杂、奥灰水源补给条件好且动储量大,全区几乎没有可疏降性,奥灰突水经常发生。为实现高承压水体上煤层安全开采,肥城煤田长期以来实施底板五灰(徐家庄灰岩)注浆改造技术,即通常所说的薄隔水层注浆改造技术,加固底板隔水层,增强隔阻水能力,实现工作面安全开采。实践证明,这种技术在浅部、中部煤层开采时成效显著,但进入深部开采后,由于深部奥灰富水性增强且集中、穿层断裂构造及层间滑动构造发育、奥灰水水压明显增大、矿压对底板破坏深度显著增强等因素影响,继续沿用传统的底板五灰注浆改造技术防治奥灰突水的效果明显不佳。因此,开展肥城煤田奥灰上部岩溶发育规律及其注浆改造研究,不仅具有重要的理论探索意义,而且具有重大的实践应用价值,能够为华北型煤田深部煤层开采奥灰突水的防治提供技术借鉴案例。

1.2　国内外研究现状

1.2.1　底板突水关键理论

（1）相对隔水层

20 世纪 40—50 年代,匈牙利学者韦格弗伦斯注意到在相近的地质条件下,一些隔水层厚度大的工作面发生底板突水,而一些隔水层厚度小的工作面反而没有发生底板突水。因此他认识到,煤层底板突水不仅与隔水层厚度有关,而且还与水压有关,于是提出了"底板相对隔水层"的概念,即相对隔水层厚度是隔水层厚度与含水层水压之比[6]:

$$\tilde{H} = \frac{M}{p} \tag{1-1}$$

式中　$\tilde{H}$ ——开采煤层至底板含水层之间相对隔水层厚度,m/atm(1 atm＝101 325 Pa,下同);

　　　M ——开采煤层至底板含水层之间隔水层厚度,m;

　　　p ——含水层水压,atm。

与此同时,韦格弗伦斯结合大量的突水案例,经过统计分析发现,在相对隔水层厚度大于 1.5 m/atm 的情况下,开采过程中基本不突水,而小于此值时,突水的可能性为 80% 以上。

到了 20 世纪 60—70 年代,匈牙利国家矿业技术鉴定委员会将相对隔水层厚度的概念正式列入了《矿业安全规程》,将 1.5 m/atm 作为判断是否突水的临界值,即相对隔水层厚度大于 1.5 m/atm,则发生底板突水的可能性小,并对使用该临界值的不同矿井条件做了规定和说明[7]。此后,许多在承压水上采煤的欧洲国家引用了相对隔水层厚度的概念,并把相对隔水层厚度临界值提高到 2 m/atm,认为如果相对隔水层厚度大于 2 m/atm,则不会发生底板突水。

（2）突水系数

20 世纪 60 年代,我国学者在焦作水文地质大会战期间提出了突水系数,

其概念实际上是韦格弗伦斯的"相对隔水层厚度"的倒数,即突水系数是含水层水压与隔水层厚度之比[8-9]:

$$T = \frac{p}{M} \qquad (1\text{-}2)$$

式中　T——突水系数,MPa/m;

　　　　其他符号含义同前。

与此同时,根据多地多年的实际生产经验,规定了突水系数的临界值:正常地质块段不大于 0.10 MPa/m,构造破坏块段不大于 0.06 MPa/m。这两个临界系数值是当时我国各矿务局科技人员在总结华北大水矿区的矿井采掘过程中底板突水特点的基础上获得的经验值[7]。

突水系数在我国提出以后经历了长期的发展与研讨。20 世纪 70—80 年代,人们发现利用式(1-2)进行突水预测预报不准确,究其原因是未考虑矿压对底板的破坏。因此以原煤炭科学研究总院西安分院水文所有关学者为代表,对突水系数进行修改并确定为[10]:

$$T = \frac{p}{M - C} \qquad (1\text{-}3)$$

式中　C——矿压对底板的破坏深度,m;

　　　　其他符号含义同前。

修改后的突水系数计算公式[式(1-3)]于 1984 年被列入煤炭工业部颁布的《矿井水文地质规程》(试行)[11]中,1986 年被编入煤炭工业部颁布的《煤矿防治水工作条例》(试行)中,同时,该公式还被 1985 年煤炭工业部颁布的《建筑物、水体、铁路及主要井巷煤柱留设与压煤开采规程》及 2000 年国家煤炭工业局重新颁布的《建筑物、水体、铁路及主要井巷煤柱留设与压煤开采规程》[12]采纳。

2009 年 9 月 21 日,国家安全生产监督管理总局、国家煤矿安全监察局颁布了《煤矿防治水规定》[13],突水系数计算公式又回到了 20 世纪 60 年代,即采用式(1-2)。从 2018 年 9 月 1 日起,开始实施由国家煤矿安全监察局颁布的《煤矿防治水细则》[14],突水系数计算公式仍采用式(1-2)。

（3）"下三带"理论

自 1979 年开始,山东矿业学院(现山东科技大学)相关学者经过 7 年时间对开采煤层底板内部进行综合观测,并结合模拟实验、电算分析等各项研究成果发现开采煤层底板岩层也与采动覆岩类似存在着"三带",故称之为"下三带"以示与采动覆岩中"三带"的区别[15-16]。"下三带"理论将煤层底面至含水层顶面的岩层划分为三个层带:底板导水破坏带(h_1);保护带或隔水层带

(h_2);承压水导升带(h_3)(图 1-2)。该理论被 2000 年国家煤炭工业局颁布的《建筑物、水体、铁路及主要井巷煤柱留设与压煤开采规程》[12]以及 2017 年国家安全生产监督管理总局等重新颁布的《建筑物、水体、铁路及主要井巷煤柱留设与压煤开采规范》[17]采纳。

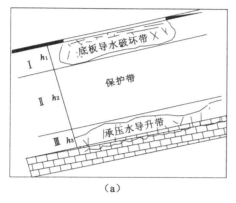 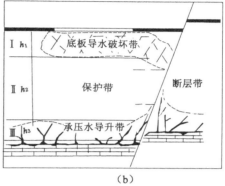

图 1-2 开采煤层底板"下三带"划分模型

（4）原位张裂与零位破坏理论

20 世纪 80 年代末,煤炭科学研究总院北京开采研究所王作宇等[18-19]提出了原位张裂与零位破坏理论。该理论认为,矿压、水压联合作用于工作面,对煤层的影响范围可分为三段:超前压力压缩段、卸压膨胀段和采后压力压缩—稳定段。该理论首次考虑了采动应力和渗流两者共同作用对底板岩体的破坏影响,对承压水上安全开采具有重要指导意义。

（5）薄板模型理论

20 世纪 80 年代末,煤炭科学研究总院北京开采研究所张金才等[20-22]提出了底板岩体"两带"的模型,即底板岩体由采动导水裂隙带及底板隔水带组成。该理论引用断裂力学 I 型裂纹的力学模型,求出采场边缘应力场分布的弹性能,并应用莫尔-库仑破坏准则及格里菲思破坏准则,求出矿压对底板的最大破坏深度。而对底板隔水带的处理是将其看作四周固支受均布载荷作用下的弹性薄板,然后采用弹塑性理论分别得到了以底板岩层抗剪及抗拉强度为基准的预测底板所能承受的极限水压的计算公式。该理论结合力学理论,建立了底板破坏的力学模型,并理想化地推导出底板破坏带发育深度的计算公式,发展了承压水上开采煤层底板破坏突水理论。

（6）强渗通道学说

20 世纪 90 年代,中国科学院地质研究所提出强渗通道学说[23]。该学说认为底板发生突水的关键在于是否具备突水通道,并将底板通道分为固有通道与贯通渗流通道。该理论突出了地质构造因素对于煤层底板突水发生的重要影响,但并没有对支承压力、含水层水压等关键因素进行考虑,没有对底板突水进行深入研究。

(7)关键层理论

20世纪90年代中期,中国矿业大学黎梁杰等[24]将关键层理论应用到底板水害防治研究中,建立了采场底板岩体的关键层理论。该理论认为,煤层底板在采动破坏带之下,含水层之上存在一层承载能力最高的岩层,称为"关键层"(图1-3)。关键层是控制能否发生底板突水的关键因素。

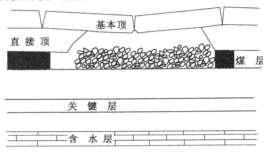

图1-3　采场结构和关键层示意图

(8)岩-水-应力关系学说

20世纪90年代,煤炭科学研究总院西安分院提出岩-水-应力关系学说[25-26]。该学说认为底板突水是岩(底板砂页岩)、水(底板承压水)、应力(采动应力和地应力)共同作用的结果。尽管该学说考虑了岩石力学因素、水压因素及地应力因素对突水发生的影响机理,但许多问题只做了定性描述,而没有做定量分析。

(9)"下四带"理论

21世纪初,山东科技大学施龙青等[27-28]提出了"下四带"理论,即将开采煤层底板到含水层之间的岩层划分为4个组成带(图1-4),具体如下。

① 第Ⅰ带:矿压破坏带(h_1)

矿压破坏带是指矿压对底板的破坏作用显著,底板岩石的弹性性能遭到明显丧失的层带。其特点为:岩石处于黏弹性状态;各种裂隙不仅交织成网,而且贯通性好、导水性能很强;岩层的连续性彻底破坏,完全丧失了隔水能力;承压水沿该带突出所消耗的能量仅仅用于克服突水通道中的沿程阻力。

② 第Ⅱ带:新增损伤带(h_2)

新增损伤带是指受矿压破坏的影响作用明显,岩石弹性性能发生明显改

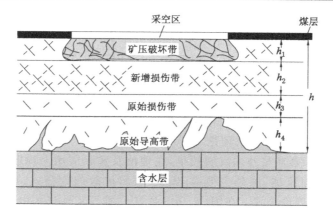

图 1-4 开采煤层底板"下四带"划分模型

变的层带。其特点为:底板岩层的原有抗压强度明显降低,但岩层的弹性性能尚未完全丧失,即岩石仍处于弹性状态;岩层的原有裂隙得到了明显扩展,但尚未相互贯通;岩层具有一定的连续性和隔水能力;承压水沿该带突出所消耗的能量主要用于贯通裂隙。

③ 第Ⅲ带:原始损伤带(h_3)

原始损伤带是指不受矿压破坏作用的影响或影响甚微,岩石弹性性能保持不变的层带。其特点为:岩石保持原有的弹性性能;岩层内的裂隙保持原先的非相互贯通状态;岩层的连续性和隔水能力良好;底板水沿该带突出所消耗的能量主要用于破坏岩石及贯通裂隙。

④ 第Ⅳ带:原始导高带(h_4)

原始导高带是指不受矿压作用的影响,并发育有承压水的原始导高的层带。其特点为:因水化学作用,岩石处于弹塑性、塑性状态;裂隙发育参差不齐,并已成为突水通道;岩层的连续性差;底板水沿该带突出只需克服沿程阻力。

根据开采煤层底板"下四带"划分理论,一般情况下回采底板破坏型突水发生与否的判断依据为:

① 若 $h_3 \neq 0$,则不突水;

② 若 $h_3 = 0, h_2 \neq 0$,且 $p < \sigma(1 - D)$,则不突水;

③ 若 $h_3 = 0, h_2 \neq 0$,且 $p > \sigma(1 - D)$,则突水;

④ 若 $h_3 = 0, h_2 = 0$,则突水。

其中,p 为含水层水压(MPa),σ 为损伤底板岩石抗压强度(MPa),D 为底板损伤变量$(D \leq 1)$。

1.2.2 注浆理论研究现状

注浆理论是在流体力学、水力学、固体力学等理论研究中发展而来的,主要是针对浆液在地层中的运移扩散形式进行分析,建立注浆压力、注浆速率、注浆时间等与浆液扩散范围之间的关系,指导注浆工程实践。随着注浆技术的应用和研究,多种注浆理论被提出,主要有孔隙岩体渗透注浆理论、裂隙岩体注浆理论、劈裂注浆理论、压密注浆理论和动水注浆理论等。

(1)孔隙岩体渗透注浆理论

孔隙岩体渗透注浆技术发展较早,在理论及实际应用上均取得了很大的进展。针对牛顿流体,国外主要有 Maag 球形扩散理论公式、Raffle-Greenwood 球形扩散理论公式。在国内,马海龙等[29]推导了球形扩散理论公式;蒋伟成等[30]基于达西定律推导了柱形扩散理论公式;潘志强等[31]在考虑浆液黏度的影响下,对均匀砂层渗透规律进行研究,得到了改进的 Raffle-Greenwood 球形扩散理论公式;杨志全等[32]以牛顿流体流变方程及渗流运动方程为基础,研究了牛顿流体柱-半球面渗透注浆形式下半球体部分扩散半径与柱体部分扩散高度的理论计算公式;王渊[33]从理论上研究了考虑迂曲度的牛顿流体多孔介质渗透注浆模型机制,建立了相关理论模型公式。随着非牛顿流体的应用,出现了考虑多因素影响的非牛顿流体渗透理论,主要有 Bingham 流体的渗透理论和基于驱替机制的渗透理论。杨秀竹等[34-35]通过研究得到了幂律型流体在砂土中渗透注浆时的有效扩散半径。杨坪[36]考虑浆液黏度时变性,结合 Bingham 流体的本构关系及渗流基本定律,得到了 Bingham 流体在砂卵(砾)石层中渗透扩散过程的压力头分布、压力梯度分布、速度分布以及注浆量、浆液扩散距离和注浆时间之间的关系式。钱自卫等[37]考虑注浆孔与被注层面夹角和浆液黏度时变性因素,推导了球形及柱形扩散理论公式。李慎刚[38]基于达西定律,研究了幂律型流体、Bingham 流体的渗透注浆扩散规律,推导了注浆压力、水头压力与浆液扩散距离的关系式。孙斌堂等[39]基于达西定律,推导了渗透注浆浆液渗流微分方程,并编制程序对注浆过程进行了模拟。杨志全等[40]基于浆液黏度时变性,建立了 Bingham 流体的流变和渗流运动方程,并建立了球形及柱形渗透扩散模型。叶飞等[41]在 Bingham 流体本构模型的基础上,建立了盾构隧道壁后注浆浆液毛细管渗透扩散模型。李术才等[42]采用 Kozeny-Carman 模型,分析了渗滤效应对砂土介质孔隙率、渗透系数及水泥浆渗流速度的影响。张焜[43]建立了考虑迂曲度的球形渗透注浆典型非牛顿流体的理论模型,并推导了理论公式。

(2)裂隙岩体注浆理论

浆液在岩体裂隙中的流动规律极其复杂,目前大多数注浆理论公式局限于单一裂隙或一组裂隙内浆液的流动。裂隙岩体注浆理论基本上可以分为牛顿流体扩散理论及非牛顿流体扩散理论[44]。

牛顿流体扩散理论主要有以下研究。C. Baker[45]将裂隙简化为平直光滑等开度的平行裂隙,假设注浆压力水头和流量不变,推导出了牛顿流体在裂隙中做层流运动的关系式。罗平平等[46-47]在 Boussinesq 公式的基础上,考虑裂隙变形对浆液扩散的作用,研究了浆液在裂隙网络中的流动规律。许万忠等[48]推导了平板裂隙径向、辅向流动公式。郝哲等[49]推导了牛顿及非牛顿流体在裂隙中的径向、辅向流动公式,研究了多孔注浆的相互作用。刘嘉材[50]根据浆液流变特性推导了基岩裂缝中牛顿流体扩散半径与注浆时间的关系式。张良辉[51]推导了考虑粗糙度及地下水黏性阻力的牛顿流体扩散半径与灌浆时间的关系式。石达民[52]对时变性牛顿流体进行研究,得到了浆液做一维层流运动时压力的变化规律。黄耀光[53]推导了浆液在峰后破裂巷道围岩中的扩散半径公式。

与牛顿流体相比,Bingham 流体可以更好地反映悬浊浆液存在内聚力的特征,因而自 20 世纪 80 年代起许多学者开始研究 Bingham 流体。隆巴蒂[54]详细阐述了浆液内聚力在灌浆中的作用,指出浆液内聚力有限制浆液扩散的作用,灌浆所需的时间取决于浆液黏度。因此,国内外许多学者推导了 Bingham 流体在岩体裂隙内流动规律的理论公式。

隆巴蒂[55]根据力平衡,推导了裂隙中浆液最大扩散半径的公式。基帕科等[56]也推导过类似的公式。W. Wittke 等[57]根据注浆压力变化梯度与浆液屈服强度变化梯度代数和为零,建立了平衡方程,推导了 Bingham 流体在等厚、光滑裂隙中的扩散半径公式。加宾推导了考虑浆液重力密度和裂隙倾角对 Bingham 流体影响的扩散距离公式[58]。卢什妮科娃[59]推导了在多条开度不一的裂隙中同时灌浆时的浆液扩散半径公式。杨晓东等[60]考虑了浆液摩擦角的作用,推导了浆液在圆形管路或等宽平直裂隙中做径向流动时的扩散距离公式。L. Hässler 等[61]模拟研究了考虑裂隙倾角时,驱替地下水的压力消耗及浆液的流变参数时变性,实时模拟较准确地反映了流量随着压力梯度的减小而递减的规律。黄春华[62]在未考虑浆液时变性的条件下,推导了 Bingham 流体在等厚裂隙内做平面径向流动时的扩散公式。郑长成[63]考虑了裂隙倾角和方位角对浆液扩散的影响,对浆液黏度时变性参数进行了简化,提出了"等效水力开度"概念,推导了浆液最大扩散半径公式。阮文军[64]考虑了浆液黏度时变性,推导了牛顿流体及 Bingham 流体的注浆扩散公式。郑玉辉[65]考虑频率水力隙宽、浆液黏度时变性、地下水影响半径、裂隙倾角及方位角、流核等多种因素,建立了 Bingham 流体和牛顿流体的浆液扩散模型,对模型进行了计算机求解。李术才等[66-67]基于时变性的 Bingham 流体本构模型，推导了水泥-玻璃浆液在单一平板裂隙内的压力分布方程。张庆松等[68]考虑浆液黏度时空变化，建立了基于恒定注浆速率条件下的水平裂隙注浆扩散模型。章敏等[69]推导了 Herschel-Bulkley 流体在光滑倾斜单裂隙中做径向扩散时的注浆扩散方程。苏培莉[44]建立了考虑流量和流核时的 Bingham 流体在单一裂隙内的流动扩散模型。朱明听[70]推导了注浆流量恒定时 Bingham 流体的运动方程。熊加路[71]建立了粗糙度裂隙动水注浆实验平台，研究了裂隙粗糙度对注浆堵水、浆液扩散、留存封堵、裂隙渗流压力的影响及原因。张连震等[72]基于 Bingham 流体本构模型并引入两阶段裂隙变形控制方程，建立了考虑浆液-岩体耦合效应的裂隙注浆扩散理论模型。王晓晨等[73]建立了恒定注浆速率条件下，考虑浆液析水作用的裂隙注浆扩散理论模型，推导了浆液扩散半径公式与浆液微元体压力梯度方程。

（3）劈裂注浆理论

劈裂注浆是目前引用较广泛的注浆方法[74-82]，但其理论研究相对滞后于工程应用。根据劈裂注浆机理模型实验研究，浆液在岩土体中的流动大致可分为三个阶段：鼓泡压密阶段、劈裂流动阶段和被动土压力阶段。

（4）压密注浆理论

针对土体加固的压密注浆方法，起源于美国。1969 年，E. D. Graf[83]首次描述了压密注浆过程并讨论了有关压密注浆的基本概念。D. R. Brown 等[84]提出在最弱的土层或土体中，可以产生压密注浆最大挤密效果。W. H. Baker等[85]采用压密注浆技术，对因隧道开挖引起的软土地层土体沉降进行了有效控制。国内压密注浆相关研究较晚，有关学者通过室内实验、理论分析、现场试验和数值分析等对土体的压密注浆进行了相关研究，取得了一系列成果[86-89]。

1.2.3　工作面底板注浆改造技术发展历史

对于工作面底板注浆改造技术防治底板突水方面的研究，经文献检索，发现国外没有同类研究，而我国最早是由肥城矿业集团有限责任公司（原肥城矿务局）提出并实施的。肥城矿业集团有限责任公司的注浆改造技术的发展大体分为 4 个阶段：井下造浆注水泥浆阶段、地面造浆注水泥浆阶段、地面造浆注黏土水泥浆阶段、地面造浆井下设流动站接力高压注黏土水泥浆阶段[90-91]。

（1）井下造浆注水泥浆阶段（1984—1986 年）

注浆改造技术是受工作面注浆堵水的启发而实施的，1984 年首先在陶阳矿 9401 采煤工作面试验并逐步推广。1986 年 10 月，杨庄矿在 9507 采煤工作面进行五灰预注浆,共施工 12 个注浆孔(791.9 m),注入水泥浆 716.2 t,注浆后上下出口的底板渗水均干涸,起到了注浆加固的作用,安全采出 3.33 万 t 煤炭。

(2) 地面造浆注水泥浆阶段(1987—1990 年)

1987 年 10 月,曹庄矿在 9301 采煤工作面改用地面造浆、井下泵注的注浆工艺。1988 年 7 月,大封矿在 10403 采煤工作面采用地面造浆,在地面进行远距离泵注水泥浆的新工艺,并改用 2 英寸(1 英寸=0.025 4 m)注浆管,完善了注浆工艺。至 1990 年 10 月,肥城矿务局共注浆改造 44 个采煤工作面,采出 260 万 t 煤炭,实现了防治水工程的重大突破。

(3) 地面造浆注黏土水泥浆阶段(1990—2001 年)

1990 年 10 月 2 日开始,在对苏联的相关技术考察后,进行黏土水泥浆注浆改造试验(以黏土代水泥),其中使用以原肥城矿务局机械厂为主研制的WL-12 型黏土搅拌机,将肥城红黏土作原料制造黏土浆,然后掺和 20% 左右的水泥和适量水玻璃,制成黏土水泥浆。采用地面造浆、地面泵注的工艺,首先在大封矿 9206 外采煤工作面进行了试验,之后又在 9208 采煤工作面试注,注浆效果较好,且成本较低。

(4) 地面造浆井下设流动站接力高压注黏土水泥浆阶段(2002 年以来)

通过在肥城矿区 20 多年的发展完善,注浆改造装备水平不断提高,从搅拌造浆过渡到自动跟踪控制的射流造浆,实现了注浆全过程的微机监控,并从连续注浆过渡到控压注浆、群孔注浆、高压注浆、引流注浆的多方案注浆工艺。肥城矿区已基本全部进入深部开采,底板注浆改造工程进入深部高压注浆阶段,首先在查庄矿 8505 采煤工作面实施,并逐步推广。

总之,煤层底板注浆改造技术已经成为肥城矿业集团有限责任公司一种成熟的防治水技术,其基本原理是浆液在一定压力、一定时间作用下在受注层原来被水占据的空隙或通道内脱水、固结或胶凝,使结石体或胶凝体与围岩形成阻水整体,从而改变不利于采矿的水文地质条件,在水害防治中发挥越来越大的作用。

目前,煤层底板注浆改造技术被广泛地应用于我国华北型煤田的开采,山东、河北、河南、安徽等地受灰岩岩溶水威胁的采煤工作面大多通过该技术实现了安全开采。同时,相关学者对煤层底板灰岩含水层注浆改造进行了研究,在煤层底板注浆改造参数优化、注浆材料、注浆加固钻孔钻进工艺、浆液扩散规律、注浆加固效果评价等方面取得了一定成果[92-100]。

1.3 奥灰上部注浆改造现状及存在的主要问题

1.3.1 奥灰上部注浆改造现状

长期以来,在开采华北型煤田的过程中,对于受奥灰岩溶水威胁的煤炭资源的开采,现场的煤矿防治水措施与途径除了采用前述的煤层底板薄层灰岩注浆加固技术以外,绝大多数矿区采取对奥灰岩溶水疏水降压的技术措施。在疏水降压措施效果差的情况下,即通过奥灰疏水并不能降低奥灰岩溶水的水压和水量时,采取"避开"或"躲让"途径,即不开采或暂时不开采该工作面,导致煤炭资源的浪费。然而,到了深部开采,几乎所有工作面都受到奥灰岩溶水的威胁,同时不具备奥灰岩溶水疏水降压的条件,且传统的薄层灰岩注浆改造技术效果不明显。为了延伸下组煤(太原组煤层)开采下限,解放受奥灰岩溶水威胁的煤炭资源,实现矿区可持续发展,现场技术人员便尝试采用对奥灰上部进行注浆改造,使得奥灰上部含水层变为隔水层,从而增加了开采煤层底板隔水层厚度和强度,最大限度地保证煤炭资源安全开采。

率先采用奥灰上部注浆改造技术的是冀中能源股份有限公司[101]。2010 年该公司通过对邢台矿区东庞矿、葛泉矿、显德汪矿、章村矿及其周边大量的奥灰钻孔资料分析,在借鉴肥城矿业集团有限责任公司薄层灰岩注浆改造技术经验的基础上,进行了奥灰上部注浆改造生产实践。通过奥灰上部注浆改造,减小了突水系数,保证了安全开采。以东庞矿为例,通过对奥灰上部峰峰组含水层注浆改造,厚 40 m 的峰峰组含水层全部变成了隔水层,下组煤隔水层平均厚度从注浆前的 35 m 提高到了 75 m。按照 0.06 MPa/m 的突水系数临界值计算,可将下组煤的开采下限延伸到−325 m 水平;若按照 0.1 MPa/m 的突水系数临界值计算,可将下组煤的开采下限延伸到−625 m 水平。

其次采用奥灰上部注浆改造技术的是肥城矿业集团有限责任公司[102]。2011 年该公司在查庄矿 8602 工作面进行了奥灰上部注浆改造,实现了工作面安全开采。在肥城煤田深部煤层的开采过程中,并未普遍采用奥灰上部注浆改造技术,一般具备以下条件之一便采用该技术:

(1)工作面处于地质条件复杂的区域或地段,开采煤层底板奥灰突水系数超过 0.06 MPa/m;

(2)工作面处于地质条件简单的区域或地段,开采煤层底板奥灰突水系数超过 0.1 MPa/m;

(3)开采煤层底板奥灰突水系数虽不超过 0.06 MPa/m,但处于奥灰强富水区域或强径流带范围,通过综合分析,认为有奥灰突水危险。

1.3.2 奥灰上部注浆改造存在的主要问题

无论是冀中能源股份有限公司还是肥城矿业集团有限责任公司,对奥灰上部注浆改造技术的研究和应用仍然处于探索阶段。因此无论在理论研究方面还是技术应用方面,都存在一系列亟待解决的问题。

(1)奥灰上部岩溶发育规律研究及注浆层位的确定。奥灰之所以岩溶发育,是因为其属于巨厚灰岩(在山东区域其厚度大于 800 m),在 5 亿年左右的地质历史演化过程中,形成了多层次的奥灰岩溶系统,其中对煤田开采影响最大的主要是奥灰上部岩溶系统。在进行奥灰上部注浆改造时,如果注浆孔进入岩溶通道,则不利于该技术的实施。

(2)奥灰上部注浆横向改造区域及纵向改造厚度的确定。从理论上讲,奥灰上部注浆改造范围越大越好、注浆改造厚度越厚越好,但是随之而增加的是注浆改造成本费,如何确定既保证最经济又确保安全的奥灰上部注浆改造范围和厚度需要进一步探究。

(3)奥灰上部注浆扩散机制。在高注浆压力作用下,浆液是如何在奥灰裂隙岩体中扩散的,浆液扩散半径如何确定,需要进一步探究。

(4)奥灰上部注浆压力的控制。注浆过程中是采用恒定注浆压力效果好,还是采用变化的注浆压力效果好,也是值得探究的课题。

(5)奥灰上部注浆改造效果的监测技术。奥灰上部注浆改造效果的监测与评价是决定工作面在注浆改造后能否实现安全开采的关键所在,因此对该技术的探究十分重要。

1.4 主要研究内容及技术路线

1.4.1 主要研究内容

(1)奥灰上部注浆改造的必要性

收集肥城煤田钻探资料、物探资料及开采资料,分析肥城煤田深部薄层灰岩注浆改造防治底板突水效果不佳的原因,论证奥灰上部注浆改造的必要性,具体从肥城煤田深部断裂构造发育特征、隔水层特征、矿压对煤层底板的破坏深度和奥灰水水压特征等方面进行论述。

(2)奥灰上部岩溶发育规律及成因机理

对奥灰上部岩芯取样,通过 X 射线衍射测试及薄片鉴定实验,揭露奥灰上部岩性及岩溶-裂隙微观特征;根据地面钻孔揭露奥灰上部岩溶-裂隙宏观特征及井下钻孔揭露奥灰上部涌水特征;找出奥灰上部岩溶-裂隙发育规律,建立肥城煤田奥灰上部岩溶-裂隙垂向层带模式,研究奥灰上部岩溶-裂隙垂

向层带的成因机理,为奥灰上部注浆改造实施及注浆改造层位的确定提供依据。具体包括以下内容:

① 奥灰上部岩性及岩溶-裂隙微观特征;

② 奥灰上部岩溶-裂隙宏观特征;

③ 奥灰上部涌水特征;

④ 奥灰上部岩溶-裂隙垂向层带模式及成因机理;

⑤ 奥灰上部注浆改造层位评价。

(3)奥灰上部注浆改造区域及厚度

针对下组煤层受奥灰突水威胁现状,研究建立奥灰突水危险性评判数学模型,基于奥灰突水危险性评判分区,确定奥灰上部注浆改造区域,推导奥灰上部注浆改造厚度公式,为奥灰上部注浆改造提供依据。具体包括以下内容:

① 建立融合突水系数-构造信息的奥灰突水危险性评判体系;

② 构建基于 GRA-FDAHP-TOPSIS(灰色关联分析法-模糊德尔菲层次分析法-逼近理想解排序法)的奥灰突水危险性多因素评判模型;

③ 确定奥灰上部注浆改造区域及推导注浆改造厚度计算公式。

(4)奥灰上部裂隙岩体注浆扩散机制

针对黏土水泥浆液黏度时空变化的不均匀性,基于流体运动方程、连续性方程,构建考虑浆液黏度时空变化的裂隙岩体注浆扩散控制方程,并利用 COMSOL Multiphysics 软件进行浆液扩散规律模拟,分析不同注浆参数下的浆液扩散机制。具体包括以下内容:

① 奥灰上部裂隙岩体注浆理论模型;

② 不同注浆参数下的浆液扩散规律数值模拟。

(5)奥灰上部注浆改造工程实践

基于以上研究成果开展奥灰上部注浆改造工程实践,通过注浆改造前后的钻探及物探探测成果对比分析,对奥灰上部注浆改造理论进行验证和补充。

1.4.2 研究技术路线

针对肥城煤田深部薄层灰岩注浆改造防治底板突水效果不佳的情况,开展奥灰上部岩溶发育规律及注浆改造可行性试验研究,围绕奥灰上部岩溶纵向发育规律、奥灰上部注浆改造区域及厚度、奥灰上部裂隙岩体注浆扩散机制等问题,采用理论分析、室内实验、数值模拟、现场试验等综合研究方法开展研究工作,采用的主要技术路线如图1-5所示。

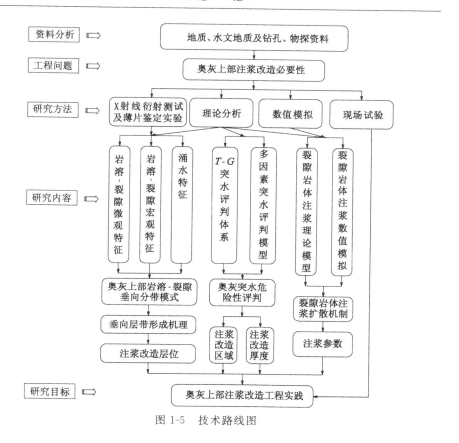

图 1-5　技术路线图

2 研究区概况

2.1 矿区位置及交通

肥城矿区位于山东省肥城市境内,东距泰安 40 km,北距济南 75 km,向东有泰湖铁路专用线经泰安与京沪铁路线相连,向西至聊城有京九铁路通过,公路四通八达,交通运输便利(图 2-1)。肥城矿区东起肥城市老城镇,西至肥城市石横镇,东西走向长 22 km,南北倾斜宽 2～7 km,面积约 98 km²,地理坐标为东经 116°41′05″、北纬 36°12′45″。

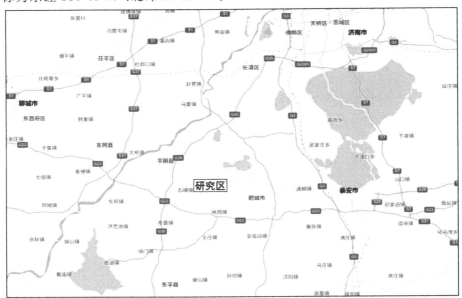

图 2-1 肥城矿区位置及交通示意图

肥城矿区为四面环山,北高南低,东高西低,向西南开阔的盆地地形,四周出露的中低山高程为+300～+540 m,为盆地的自然分水岭。盆地内地形比较平坦,为第四系冲积层覆盖。盆地中部地表有汶河水系的康王河经矿区南侧由东流向西南。本区处暖带半湿润季风性气候区,属于大陆性与海洋性气候的过渡型,但偏重于大陆性气候。本区历年平均降水量为 662.46 mm,全年降水主要集中在 7—8 月份;历年平均蒸发量为 442 mm;历年极端气温为 -20 ℃和+39.6 ℃,历年平均气温为 13 ℃;历年平均相对湿度为 68.2 ％;历年最大冻土深度为 48 mm;百年一遇最高洪水位为+88.2 m,50 年一遇最高洪水位为+86.5 m;地震基本烈度为 6 度。

2.2　矿区基本情况

山东能源肥城矿业集团有限责任公司前身为肥城矿务局,自 1958 年开始建设,1959 年建局,1960 年后各矿井陆续投产,1998 年 3 月改制为国有独资公司,即肥城矿业集团有限责任公司,2004 年 7 月划归山东省国资委管理,2010 年成为山东能源集团有限公司六家权属矿业集团之一。公司现有 6 对生产矿井,除曹庄矿、白庄矿外,原大封矿已闭坑,原杨庄矿、陶阳矿、国家庄矿、查庄矿 4 对矿井因受水害威胁严重,资源枯竭,已政策性破产重组为民营企业。另在肥城矿区内还有平阴矿、兴隆矿、马坊矿、五里垢矿和隆庄矿(已关闭)5 个地方矿(图 2-2)。

肥城矿区主要含煤地层为华北型石炭-二叠系含煤地层,共有可采煤层10 层(12 个分层)。其中,山西组含 1、2、3_1、3_2、4 煤层,共 5 个煤分层,也称为上组煤,上组煤基本不受水害威胁,现已基本开采完毕;太原组含 5、6、7、8、9、10_1、10_2 煤层,共 7 个煤分层,也称为下组煤,下组煤受煤层底板承压水威胁严重。矿区主要可采煤层为山西组的 3_1 煤层和太原组的 7、8、9、10_2 煤层,其中8、9、10_2 煤层受底部五灰水和奥灰水的威胁严重。

2.3　矿区地质及水文地质概况

2.3.1　地质特征

2.3.1.1　地层

肥城煤田地层区划属于华北地层区鲁西地层分区,地层沉积稳定,岩层厚度、岩性变化、地层接触关系等均与鲁西地层分区基本一致。地层自下而上分别为新太古界的泰山岩群,古生界的寒武系、奥陶系、石炭系、二叠系,新生界的古近系、第四系(图 2-3)。各地层具体情况分述如下:

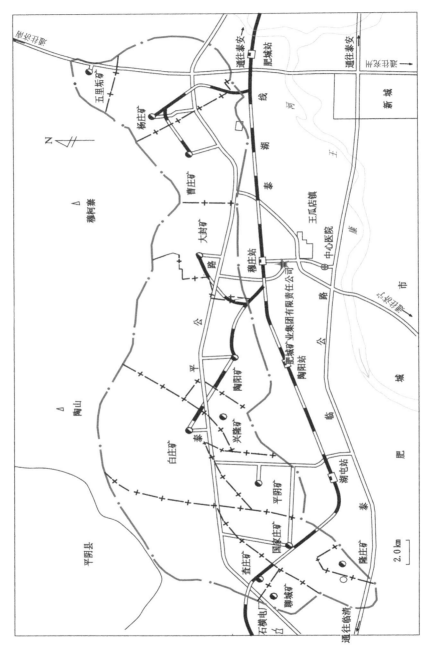

图2-2　肥城矿区矿井分布图

地层系统			煤层及标志层	综合柱状	煤层及标志层厚度与间距		煤层/标志层	地层厚度/m
界	系	组			厚度/m	间距/m	特征	
新生界	第四系Q			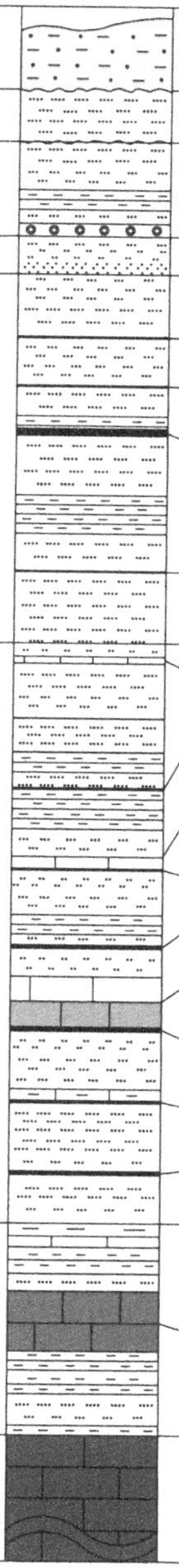				7.5~120.0
	古近系E							0~154
古生界	二叠系P	上石盒子组						0~396
		下石盒子组						55
		山西组	1煤层		0~1.41 / 0.52		可采厚度点极少	103~135
			2煤层		0~1.80 / 0.42	21.00	极不稳定，常尖灭	
			3煤层		0~6.08 / 3.50		分层为主要可采煤层，层位较稳定	
			4煤层		0~1.50 / 0.58		极不稳定，局部可采	
生界	石炭系C	太原组	一灰		0.82~4.09 / 1.58		为灰~深灰色灰岩，岩性稳定，上部含泥质	143~240
					0~2.01 / 0.48		极不稳定，局部可采	
			5煤层		0.73~4.65 / 1.96	17.44	为灰~深灰色灰岩，层位稳定，上部含泥质	
			二灰 6煤层		0~1.34 / 0.65	17.32	极不稳定，局部可采	
			7煤层		0.45~2.00 / 1.33		为主要可采煤层，层位稳定	
			四灰 8煤层		1.76~8.60 / 4.93	25.70	质纯坚硬，含较多的䗴科化石	
					0.57~2.60 / 1.88		为主要可采煤层，层位稳定	
			9煤层		0.85~2.00 / 1.27	7.87	为主要可采煤层，层位稳定	
			10煤层		0.70~2.64 / 1.76	3.10	分层为主要可采煤层，层位稳定	
		本溪组	五灰		4.82~14.70 / 9.00	26.20	以石灰岩和浅灰~深灰色泥岩为主	15~35
	奥陶系O						为青~青灰色厚层状灰岩，间夹泥灰岩和角砾岩等，下部为白云质灰岩	800

图 2-3 肥城煤田地层综合柱状图

（1）泰山岩群（$Ar_3 T$）

厚度不详，分布于矿区北部山区，岩性主要为黑云母斜长石片麻岩、角闪岩、黑云母石英片岩、绿泥片岩、伟晶岩等。

（2）寒武系（Ꞓ）

厚度为 600 m 左右，上部主要为青色厚层竹叶状灰岩及鲕状灰岩，下部主要为紫色页岩及薄层灰岩。寒武系与下伏地层呈不整合接触。

（3）奥陶系（O）

厚度为 800 m 左右，上统（O_3）缺失，中、下统（O_2、O_1）主要岩性为青～青灰色厚层状灰岩，间夹泥灰岩和角砾岩等，下部为白云质灰岩，含珠角石等化石。奥陶系在矿区南部大面积出露，直接接受大气降水的补给，其灰岩质纯、致密，裂隙、溶洞特别发育，富水性强，为强含水层。下部的竹叶状灰岩是奥陶系与下伏寒武系的分界线，两者地层呈整合接触。

（4）石炭-二叠系（C-P）

上石盒子组：厚度为 0～396 m，自下而上分为三段，即万山段（0～104 m）、奎山段（0～79 m）、孝妇河段（0～213 m）。岩性主要为浅黄色、灰白色中粒砂岩与杂色泥质岩以及粉砂岩互层，底部为紫色、青灰色的铝土岩（B 层）。

下石盒子组：厚度为 55 m 左右。岩性主要为灰～灰白色中细砂岩、粉砂岩及泥岩等，不含煤。底部为灰绿色中粗砂岩，含砾石，为下石盒子组与山西组的分界层。

山西组：厚度为 103～135 m，平均为 123 m，为过渡相沉积含煤地层。岩性主要为灰～灰白色中粒砂岩和砂泥岩互层。上部以粉砂岩、泥岩为主，砂岩较少；中部和下部以砂岩为主。山西组为主要含煤地段，含煤 4 层（5 个分层），都集中在中部。其中 3_1 煤层为主要可采煤层，3_2、4 煤层为局部可采煤层。在煤层及顶底板岩层中主要含苛达木、楔叶木、轮木、细羊齿、芦木等化石。

太原组：厚度为 143～240 m，平均为 155 m。岩性以灰～灰黑色粉砂岩为主，浅灰～深灰色泥岩、灰～灰绿色中细砂岩、粉砂岩与细砂岩互层等相间出现，含灰岩 5 层，其中一、二、四灰为标志层。灰岩中主要含腕足类、腹足类、海百合、珊瑚、长身贝、䗴科等化石。太原组共含煤 6 层（7 个分层），其中 7、8、9、10_2 煤层为主要可采煤层，5、6、10_1 煤层为局部可采煤层，煤层顶底板中含丰富的植物化石。

本溪组：厚度为 15～35 m，平均为 26.4 m。岩性以灰岩和浅灰～深灰色泥岩、砂岩为主，间夹 1～2 层煤线。灰岩有两层，其中五灰为标志层，又称徐家庄灰岩，灰岩中主要含䗴科、腕足类等化石。本溪组底部含有褐红色铁质泥岩及杂色～灰白色铝土质泥岩。

（5）古近系（E）

仅在陶阳矿内有残留（在陶阳矿西部 1025 孔见到），残留厚度最大为154 m，主要岩性为浅灰色粉砂岩，夹少量黏土岩。

（6）第四系（Q）

黄色，以砂质黏土、黏土质砂砾、含砂砾黏土、黏土砂姜层为主，上部为表土，下部为含砂砾黏土和黏土层。厚度为 7.5～120.0 m，一般为 35～65 m，平均为 55.06 m，呈南薄北厚、西薄东厚的变化趋势。第四系与下伏基岩地层呈不整合接触。

2.3.1.2 地质构造

肥城煤田总体上为走向近 EW，倾向 N，受 F₁ 大断层控制的单斜构造。煤田内以断裂构造为主，断层纵横交错，相互切割，形成网格式的构造格架，如图 2-4 所示。在水平和垂直方向上，构造分区性和分层性十分明显。局部地段发育褶皱、火成岩墙、陷落柱等构造。

（1）断层

肥城煤田断裂构造十分发育，根据揭露的资料，落差大于或等于 20 m 的断层有 73 条，如表 2-1 所列。肥城煤田基本是受马山断层、峁山断层、桃园断层和肥城断层等大断裂控制的单斜构造。由于断层的切割，四灰、五灰与奥灰地层多处对口接触，并形成多处地堑、地垒构造。煤田区域内的大构造，一般都作为井田边界，成为控制矿井水文地质边界条件的主要因素。煤田内断裂构造的展布方向主要为 NE、NNE，NW 向断层较少且主要发育在煤田东部；断层延展距离长、数量多、密度大；断层多为高角度正断层，切割深；局部地段层间滑动构造明显。由于断裂构造十分发育，主要含水层水力联系密切，断裂构造是奥灰水补给四灰含水层和五灰含水层的主要通道。

（2）褶皱

肥城煤田内的褶皱构造多与断层相伴生，共发现有 17 个褶皱，除靠近煤田北部 F₁ 断层处的褶皱较大外，余下都是小型构造。一般褶皱轴部张性裂隙发育，底板比较破碎，易发生底板出水。杨庄矿为一宽缓不完整的向斜构造，轴向 NW，致使地层走向由 NE 转向近 SN，呈弧形弯曲。曹庄矿深部西翼受 F₂ 断层牵引影响，发育一不对称的倾伏向斜构造，轴向 NE，向斜轴部地层倾角较小，一般为 5°～10°，靠近 F₂ 断层一翼的地层倾角逐渐增大至 40°，上组煤多处揭露和控制。大封矿在东翼深部有一完整的马鞍形褶皱构造。陶阳矿从构造形态上看，属断陷单斜构造，褶皱构造发育一般。国家庄矿为一船形向斜，轴向与 F₇₋₁ 断层大体一致。查庄矿在大断层之间或附近常出现次一级的

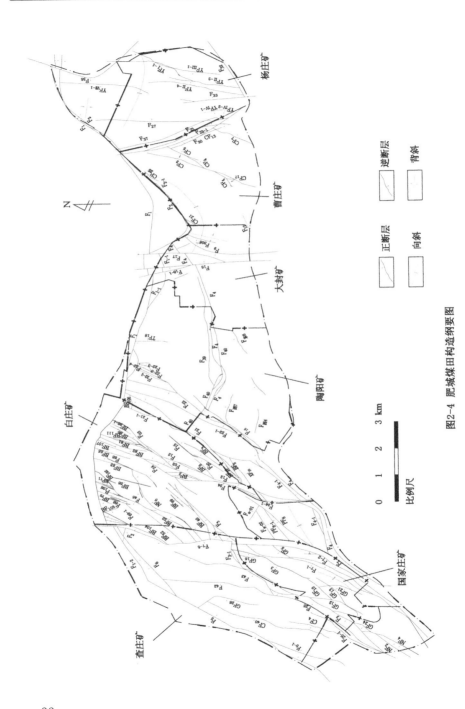

图2-4 肥城煤田构造纲要图

表 2-1 肥城煤田大、中型断层一览表

序号	编号	走向	倾向	倾角/(°)	落差/m	断层性质	控制程度
1	F_1	NE~NW	SE~SW	75	>1000	正断层	基本清楚
2	F_{1-1}	NE~NW	SE~SW	75	320	正断层	基本清楚
3	F_2	NE~NW	SE~SW	75	>1000	正断层	基本清楚
4	F_{2-1}	NE	SE	80	70~250	正断层	基本清楚
5	F_3	NE~NW	NW~SW	70~80	0~150	正断层	清楚
6	F_{3-1}	NW	NW	65	26	正断层	基本清楚
7	F_{03}	NE	NW	50~80	0~130	正断层	基本清楚
8	F_4	NEE	NNW	65~75	40~270	正断层	基本清楚
9	F_5	NE~NNE	SE~SEE	70~80	>200	正断层	基本清楚
10	F_{5-1}	NE	SE	75	50~280	正断层	基本清楚
11	F_{5-2}	NE	SE	70	50	正断层	清楚
12	F_6	NEE	NNW	70	60~200	正断层	基本清楚
13	F_7	NE	NW	60~85	100~195	正断层	基本清楚
14	F_{7-1}	NE	NW	40~75	15~135	正断层	基本清楚
15	F_{7-2}	NE	NW	70	30~100	正断层	基本清楚
16	F_{7-3}	NE	SE	50	1~20	正断层	基本清楚
17	F_{12}	SN	W	75	25~70	正断层	基本清楚
18	F_{15}	NE	SE	75	0~20	正断层	基本清楚
19	F_{18}	NE	NW	75	30~50	正断层	基本清楚
20	F_{20}	NE	NW	70	0~40	正断层	基本清楚
21	F_{21}	NE	SE	75	140~370	正断层	基本清楚
22	F_{21-1}	NE	SE	60	80	正断层	基本清楚
23	F_{22}	NE	NW	75	250~350	正断层	基本清楚
24	F_{22-1}	NE	NW	75	120~150	正断层	基本清楚
25	F_{22-2}	NE	NW	65	25	正断层	基本清楚
26	F_{23}	NW	SW	75	40~120	正断层	基本清楚
27	F_{24}	SN~NE	E~SE	70	80~160	正断层	基本清楚
28	F_{24-1}	NEE	SSE	70	0~25	正断层	基本清楚
29	F_{24-2}	NE	SE	70	30	正断层	基本清楚
30	F_{24-3}	NE	SE	70	15	正断层	基本清楚
31	F_{25}	NE	SE	60~75	20~175	正断层	基本清楚

表 2-1（续）

序号	编号	走向	倾向	倾角/(°)	落差/m	断层性质	控制程度
32	F_{27}	SN～NE	W～NW	60～70	0～30	正断层	清楚
33	F_{33}	SN	E	73	0～20	正断层	基本清楚
34	F_{37}	NW	NE	75	25	正断层	基本清楚
35	F_{39}	EW	N	75	15～80	正断层	基本清楚
36	F_{40}	NNE～NE	NWW～NW	50～70	7～30	正断层	清楚
37	F_{42}	NNE	NNW	45～60	0～50	正断层	清楚
38	F_{43}	NE～SN	NW～W	65	7～35	正断层	基本清楚
39	F_{44}	NE	NW	65	0～25	正断层	基本清楚
40	F_{45}	NE	NW	65	0～20	正断层	基本清楚
41	F_{46}	NE	NW	70	0～20	正断层	基本清楚
42	YF_{II-3}	NE	NW	75	0～20	正断层	基本清楚
43	YF_{II-4}	NE	SE	75	0～28	正断层	基本清楚
44	YF_{III-1}	NE	SE	75	5～22	正断层	基本清楚
45	YF_{IV-2}	NW	SW	75	0～21	正断层	基本清楚
46	CF_1	EW	N	47～83	0～22	正断层	清楚
47	CF_3	NE	SE	60～88	4～45	逆断层	清楚
48	CF_4	NE	NW	45～88	0～20	逆断层	清楚
49	CF_5	NE	NE	45～83	0～40	正断层	基本清楚
50	CF_{19}	SN	W	63	36	正断层	基本清楚
51	CF_{25}	NW	NW	33～83	0～40	正断层	基本清楚
52	CF_{28}	NE	SE	59	0～20	正断层	基本清楚
53	CF_{29}	NE	NW	51～73	0～32	正断层	基本清楚
54	GF_3	SE	NW	30～80	20～30	正断层	基本清楚
55	GF_5	NE	NW	50～85	10～20	正断层	清楚
56	GF_7	NE	SE	60～65	15～20	正断层	基本清楚
57	GF_9	NE	SE	60	10～20	正断层	基本清楚
58	GF_{12}	NE	NW	50～65	1～24	正断层	清楚
59	GF_{13}	NE	SE	50～80	3～25	正断层	基本清楚
60	GF_{19}	NE	NW	30～45	0～20	正断层	基本清楚
61	GF_{24}	NE	NW	50～80	9～22	正断层	清楚
62	NF_2	NE	SE	50～65	15～21	正断层	清楚

表 2-1（续）

序号	编号	走向	倾向	倾角/(°)	落差/m	断层性质	控制程度
63	BF$_5$	NE	SE	70	20~40	正断层	基本清楚
64	BF$_{10}$	NE	NW	50~70	0~30	正断层	基本清楚
65	BF$_{13}$	NE	NW	70~80	0~30	正断层	基本清楚
66	BF$_{40}$	NE	SE	50~70	0~60	正断层	基本清楚
67	BF$_{40-1}$	NE	SE	50~70	0~30	正断层	基本清楚
68	BF$_{52}$	NE	NW	70	0~40	正断层	基本清楚
69	BF$_{53}$	NE	SE	70	0~30	正断层	基本清楚
70	BF$_{65}$	NE	SE	70	0~25	正断层	清楚
71	BF$_{70}$	NE	NW	70	0~20	正断层	清楚
72	BF$_{71}$	NE	SE	40~70	0~20	正断层	清楚
73	BF$_{75}$	NE	SE	50	0~40	正断层	基本清楚

小褶皱，在井田西南部为查庄矿向斜。白庄矿南部褶皱的排列方式有平行式和雁列式，具有短轴、倾伏的特点；褶皱轴向 NEE，与 NE 向断裂近于平行或呈小角度相交，被 NNE 向断层切割。

（3）火成岩墙

肥城煤田煤系地层中火成岩侵入十分少见，共发现有 5 条火成岩墙，其中大封、陶阳两矿相邻地段沿倾向发育两条火成岩墙，国家庄矿揭露两条火成岩墙，查庄矿 66-3 钻孔电测资料反映有一条火成岩墙。

（4）陷落柱

肥城煤田共揭露 11 个陷落柱，其中杨庄矿 9 个，曹庄矿 1 个，平阴矿 1 个。大多数陷落柱充填比较密实，不导水，仅杨庄矿 7 号陷落柱导水，水量为 5~10 m³/h。

2.3.2 水文地质特征

2.3.2.1 区域水文地质特征

根据肥城盆地的地质构造特点、岩性分布以及地下水的运动特征，整个肥城盆地可划分为 4 个水文地质区（图 2-5），概述如下：

（1）前震旦系花岗片麻岩裂隙水区：主要分布于盆地东北部，面积约 164 km²，主要为浅部风化裂隙水，对煤田开采无影响。

（2）裸露的寒武系、奥陶系灰岩岩溶水区：主要分布于盆地的西部和南部，面积约 560 km²，其中奥陶系灰岩出露面积约 260 km²，岩溶裂隙发育，主

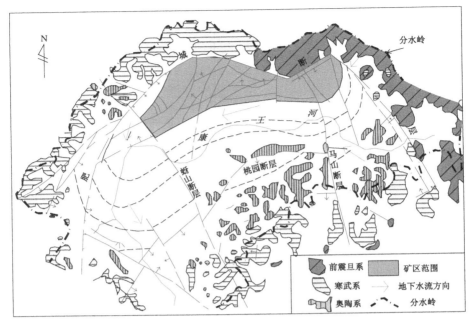

图 2-5　区域水文地质图

要接受大气降水的补给,地下水以垂直运动为主,向盆地汇流。

(3) 隐伏的寒武系、奥陶系裂隙岩溶水区:主要分布于盆地的中部及东南部,面积约 480 km²,接受裸露的寒武系、奥陶系裂隙岩溶水的补给,含水十分丰富,地下水以水平运动为主,由东向西再转向西南。

(4) 含煤地层岩溶裂隙水区:分布于肥城矿区,面积约 98 km²,由多层砂岩裂隙含水层和薄层灰岩岩溶裂隙含水层组成,主要通过断裂构造接受奥灰水补给,以井下涌水方式排泄。

2.3.2.2　肥城矿区水文地质特征

(1) 含水层

肥城矿区地层为华北型石炭-二叠系晚古生代含煤地层,第四系直接覆盖在含煤地层之上,含煤地层基底为奥陶系、寒武系灰岩,地层中的主要含水层有:第四系砂及砂砾含水层;山西组 3 煤层顶底板砂岩含水层;太原组一、二、四灰含水层和 9 煤层顶板泥灰岩含水层;本溪组五灰含水层;奥灰含水层。

五灰、奥灰含水层是矿井底板突水的主要水源层。根据钻孔岩芯资料,五灰含水层质纯、致密坚硬,为灰色厚层状细粒结晶灰岩;含水层厚度为 1.00~15.72 m,平均为 7.18 m,东部五灰含水层厚度大,西部相对厚度较小;五灰含水层属岩溶裂隙承压水,富水性强,单位涌水量为 0.001 7~10.415 0 L/(s・m),

水位标高为 +61.3～+61.6 m,水质为 HCO_3-Ca·Mg 型,矿化度为 0.28～0.36 g/L。奥灰含水层呈巨厚层状,厚度为 800 m 左右,上距五灰平均为 7.84 m,单位涌水量为 0.17～16.65 L/(s·m),渗透系数为 0.206～56.520 m/d,富水性极强,水位标高为 +62.35 m,水质为 HCO_3-Ca·Mg 型,矿化度为 0.27 g/L。肥城矿区处于肥城单斜自流水盆地的深部,奥灰在盆地的东、南、西部山区广泛出露,接受大气降水的补给,补给量充沛。

（2）隔水层

肥城矿区地层中对煤层开采有直接意义的隔水层主要有第四系底部的黏土层、太原组粉砂岩及本溪组泥岩、砂岩层等。地表水、第四系潜水与含煤地层内各含水层间因为第四系底部发育有厚度稳定、隔水性能良好的黏土、亚黏土层,无直接水力联系。而含煤地层内各含水层间及与含煤地层基底奥灰含水层之间由于断裂构造的破坏,均能发生水力联系,尤其是五灰与奥灰含水层间的水力联系密切。在正常的地质条件下,五灰与奥灰含水层由于被黏土岩和粉砂岩等组成的隔水层隔离,五灰与奥灰含水层中的地下水均以水平运动为主,垂直运动不明显。但是五灰与奥灰含水层间隔水层厚度较小,且受构造运动破坏,使得奥灰以水平或垂直方式补给五灰,导致奥灰和五灰共同构成煤层底板水害的主要含水层。

2.4　矿区水害特征

1965—2006 年肥城矿区开采下组煤期间,共发生突水量(Q)大于或等于 30 m^3/h 的各类水害事故 197 例,其中突水水源为五灰、奥灰的突水事故 135 例,占 68.5%,四灰的突水事故 39 例,占 19.8%(图 2-6)。由此可见,五灰和奥灰是肥城矿区的主要突水水源,其次为四灰。表 2-2 列出了突水量大于 60 m^3/h 的五灰、奥灰突水案例。

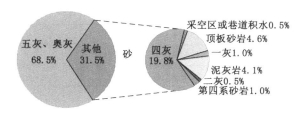

图 2-6　突水水源统计图

表 2-2　肥城矿区五灰、奥灰突水(Q>60 m³/h)情况表

序号	矿名	突水地点	突水日期	突水量/(m³/h)	突水点标高/m	突水水源层
1	大封矿	9204 工作面	1969-06-26	1 628	−50	五灰
2	大封矿	9405 工作面	1977-09-07	630	−49	五灰
3	大封矿	9405 工作面	1977-10-25	161	−42	五灰
4	大封矿	9405 工作面	1977-11-10	369	−49	五灰
5	大封矿	10204 下工作面	1986-04-28	2 035	−40	五灰
6	大封矿	9317 工作面	1987-12-13	110	−122	五灰
7	大封矿	10313 工作面	1988-09-05	150	−122	五灰
8	大封矿	10403 工作面	1990-02-28	190	−32	五灰
9	大封矿	10405 工作面	1990-10-21	271	−45	五灰
10	大封矿	9405 工作面	1990-11-19	553	−46	五灰
11	大封矿	10405 工作面	1991-04-07	110	−45	五灰
12	大封矿	10405 工作面	1991-07-03	192	−43	五灰
13	大封矿	9206 工作面	1991-10-04	433	−60	五灰
14	大封矿	9206 工作面	1991-10-30	161	−62	五灰
15	大封矿	9206 工作面	1991-11-13	305	−67	五灰
16	大封矿	9206 工作面	1991-11-20	380	−67	五灰
17	大封矿	9206 工作面	1991-12-03	200	−67	五灰
18	大封矿	9206 工作面	1991-12-20	340	−67	五灰
19	大封矿	9206 工作面	1992-01-11	228	−43	五灰
20	大封矿	8111 工作面	1992-02-02	400	−140	五灰
21	大封矿	9208 工作面	1992-05-10	420	−70	五灰
22	大封矿	9410 工作面	1992-08-04	240	−53	五灰
23	大封矿	10206 工作面	1993-09-10	110	−68	五灰
24	大封矿	10206 工作面	1993-09-12	260	−68	五灰
25	大封矿	10206 工作面	1993-10-03	195	−64	五灰
26	大封矿	10206 工作面	1994-01-17	91	−53	五灰
27	大封矿	10410 工作面	1994-01-17	143	−54	五灰
28	大封矿	10410 工作面	1994-03-04	110	−72	五灰
29	大封矿	9414 工作面	1994-03-22	140	−72	五灰
30	大封矿	9414 工作面	1994-03-30	102	−59	五灰

表 2-2（续）

序号	矿名	突水地点	突水日期	突水量/(m³/h)	突水点标高/m	突水水源层
31	大封矿	9414 工作面	1994-09-12	68	−76	五灰
32	大封矿	10407 工作面	1994-09-15	101	−71	五灰
33	大封矿	10407 工作面	1994-10-04	75	−71	五灰
34	大封矿	10409 工作面	1994-11-02	150	−85	五灰
35	杨庄矿	9101 运输中巷	1985-04-01	721	−25	五灰
36	杨庄矿	9101 回风巷	1985-05-27	5 273	−32	五灰
37	杨庄矿	9603 工作面	1998-09-11	170	−116	五灰
38	杨庄矿	10706 工作面	1998-11-08	80	−135	五灰
39	杨庄矿	9605 工作面	1999-10-08	140	−145	五灰
40	杨庄矿	8717 工作面	2001-07-24	105	−215	五灰
41	曹庄矿	9106 工作面	1988-04-20	332	−45～−48	五灰
42	曹庄矿	9403 工作面	1996-03-09	869	−88～−92	五灰
43	曹庄矿	81004 工作面	2004-03-27	495	−352	奥灰
44	陶阳矿	9902 工作面	1971-07-05	556	−6	五灰
45	陶阳矿	9901 工作面	1971-10-11	1 083	0	五灰
46	陶阳矿	9201 工作面	1978-11-08	65	−2	五灰
47	陶阳矿	8810 工作面	1981-01-13	113	−114	五灰
48	陶阳矿	9507 工作面	1985-08-06	17 940	−32	奥灰
49	陶阳矿	8509 工作面	1994-03-20	500	—	五灰
50	陶阳矿	9906 工作面	1995-08-24	420	−68	五灰
51	陶阳矿	9903 工作面	1995-10-17	310	−15	五灰
52	陶阳矿	9906 工作面	1995-11-29	269	−69	五灰
53	陶阳矿	9906 外工作面	1996-09-15	150	−68	五灰
54	陶阳矿	10904 工作面	1998-11-25	70	−58	五灰
55	陶阳矿	10904 工作面	1998-12-20	110	−62	五灰
56	陶阳矿	9909 工作面	2000-09-10	480	−68	五灰
57	陶阳矿	10906 外下工作面	2000-11-20	93	−72～−75	五灰
58	陶阳矿	8800 胶带下山	2006-09-06	1 200	−146	五灰
59	国家庄矿	−210 m 北大巷	1993-01-05	32 970	−206	奥灰
60	国家庄矿	8201 胶工作面	1998-02-22	75	−218	五灰

表 2-2（续）

序号	矿名	突水地点	突水日期	突水量 /(m³/h)	突水点 标高/m	突水水源层
61	国家庄矿	8204 工作面	2001-02-12	67	−218	五灰
62	国家庄矿	8104 工作面	2002-04-18	598	−168	五灰
63	国家庄矿	8101 工作面	2002-12-27	1 500（推断瞬时可达 16 540）	−183	奥灰
64	查庄矿	8105 工作面	1997-09-09	332	−201	五灰
65	查庄矿	9104 泄水巷	1998-05-22	153	−186	奥灰
66	查庄矿	8109 工作面	1998-12-13	80	−148	五灰
67	查庄矿	8111 工作面	1999-05-22	107	−204	五灰
68	查庄矿	8503 下工作面	2000-04-11	395	−321	五灰
69	查庄矿	8503 中工作面	2000-08-13	83	−296	五灰
70	查庄矿	8503 上工作面	2000-11-02	100	−270	五灰
71	查庄矿	9101 工作面	2001-08-11	120	−174	五灰
72	查庄矿	8505 工作面	2001-12-01	403	−285	五灰
73	查庄矿	9100 1# 工作面	2003-10-21	100	−193～−187	五灰
74	查庄矿	9100 2# 工作面	2003-11-20	70	−211	五灰
75	查庄矿	8505 残采 14# 硐	2003-10-27	706	−252	五灰
76	查庄矿	7905 工作面	2006-01-13	1 430	−311	奥灰
77	查庄矿	聊城 8406 工作面	1987-01-16	69	−95	五灰
78	查庄矿	聊城 8408 工作面	1988-01-02	150	−113	五灰
79	查庄矿	聊城 8407 工作面	1992-09-30	846	−103	五灰
80	查庄矿	10₂106 工作面	2003-11-26	113	−194	五灰
81	查庄矿	9103 工作面	2004-06-26	69	−212	五灰
82	查庄矿	10100 1# 工作面	2004-08-02	177	−198	奥灰
83	查庄矿	7901 运输中巷	2005-03-10	309	−344	奥灰
84	查庄矿	9100 4# 工作面	2005-06-26	87	−231	五灰
85	查庄矿	10100 3# 工作面	2005-11-23	114	−216	五灰
86	查庄矿	9100 5# 工作面	2005-12-20	75	−211	五灰
87	查庄矿	10100 4# 工作面	2006-08-29	241	−216	五灰

表 2-2（续）

序号	矿名	突水地点	突水日期	突水量 /(m³/h)	突水点 标高/m	突水水源层
88	查庄矿	10100 1# 外 小工作面	2006-10-11	161	−194	五灰
89	白庄矿	8402 工作面	1993-08-20	250	−170	五灰
90	白庄矿	8603 工作面	1998-12-08	80	−170	五灰
91	白庄矿	10404 工作面	2003-10-05	142	−196	五灰
92	白庄矿	9603 工作面	2004-07-25	186	−108	奥灰
93	白庄矿	9601 外工作面	2005-03-05	505	−175	五灰、奥灰
94	白庄矿	9401 工作面	2005-09-14	743	−212	奥灰
95	白庄矿	9405 里工作面	2006-05-02	82	−216	五灰
96	白庄矿	9401 中工作面	2006-01-19	164	−184	五灰

从五灰、奥灰突水点分布位置统计情况（图 2-7）可以看出，西部矿井（国家庄矿、查庄矿、白庄矿）突水 52 次，占 38.5%；中部矿井（陶阳矿、大封矿）突水 70 次，占 51.9%；东部矿井（曹庄矿、杨庄矿）突水 13 次，占 9.6%。由此可见，五灰、奥灰突水主要分布于肥城矿区中西部区域。

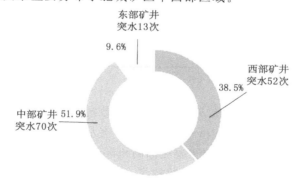

图 2-7　五灰、奥灰突水点分布位置统计图

从不同煤层的五灰、奥灰突水次数统计情况［图 2-8（a）、表 2-3］可以看出，7 煤层五灰、奥灰突水 2 次，占 1.5%；8 煤层五灰、奥灰突水 33 次，占 24.6%；9 煤层五灰、奥灰突水 61 次，占 45.5%；10 煤层五灰、奥灰突水 38 次，占 28.4%。由此可见，主采煤层 7、8、9、10 煤层均受五灰、奥灰含水层的威胁，且随着煤层距五灰、奥灰距离的减小，受水威胁增大，突水次数增加；10 煤

层较 9 煤层突水次数少,一部分是由于 10 煤层开采范围小造成的。

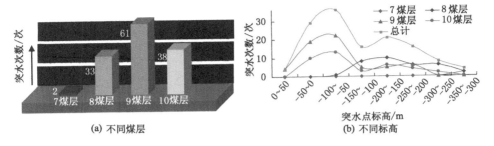

(a) 不同煤层　　　　　　　　(b) 不同标高

图 2-8　不同煤层、不同标高的五灰、奥灰突水次数统计图

表 2-3　不同煤层的五灰、奥灰突水次数统计表

矿名	突水次数/次				
	7 煤层	8 煤层	9 煤层	10 煤层	总计
国家庄矿	0	7	0	0	7
查庄矿	2	14	7	7	30
白庄矿	0	4	5	5	14
陶阳矿	0	3	16	5	24
大封矿	0	1	25	20	46
曹庄矿	0	2	2	0	4
杨庄矿	0	2	6	1	9
总计	2	33	61	38	134

注:国家庄矿−210 m 北大巷突水 1 次。

从各煤层不同标高的五灰、奥灰突水次数统计情况[图 2-8(b)]可以看出,7 煤层主要在标高−300 m 以深部位发生突水;8 煤层主要在标高−150 m 以深部位发生突水;9、10 煤层主要在标高−50 m 以深部位发生突水,且在标高−50～−250 m 范围内突水次数较多。由此可见,7 煤层在深部受水威胁严重,8 煤层在中深部受水威胁严重,9、10 煤层从浅部即受水威胁严重,随着地层层序的自上而下,煤层受水威胁的标高层位越浅。

从不同采掘情况下五灰、奥灰突水次数统计情况[图 2-9(a)]可以看出,以采煤工作面突水为主;从不同突水原因下五灰、奥灰突水次数统计情况[图 2-9(b)]可以看出,以断层型突水为主,断层构造是造成突水的重要因素。

从五灰、奥灰突水量统计情况(图 2-10)可以看出,小型突水(30 m³/h≤Q≤60 m³/h)39 次,占五灰、奥灰突水事故的 28.9%;中型突水(60 m³/h<Q≤

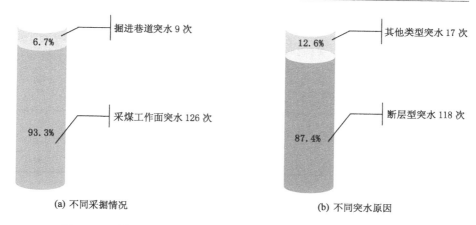

(a) 不同采掘情况　　　　　　　　(b) 不同突水原因

图 2-9　不同采掘情况和不同突水原因下五灰、奥灰突水次数统计图

600 m³/h)81 次,占五灰、奥灰突水事故的 60.0%;大型突水(600 m³/h<Q≤
1 800 m³/h) 11 次,占五灰、奥灰突水事故的 8.1%;特大型突水(Q>
1 800 m³/h) 4 次,占五灰、奥灰突水事故的 3.0%。其中突水量 Q≥
1 000 m³/h 的典型奥灰突水 9 次(表 2-4),共造成直接经济损失 34 033 万元。

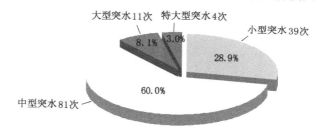

图 2-10　五灰、奥灰突水量统计图

表 2-4　典型奥灰突水统计表

矿名	突水地点	突水日期	突水量 /(m³/h)	突水点 标高/m	影响生产情况	直接经济 损失/万元
大封矿	9204 工作面	1969-06-26	1 628	−50	淹采区、停产 6 个月	700
大封矿	10204 下工作面	1986-04-28	2 035	−40	淹采区、停产 2 个月	180
杨庄矿	9101 回风巷	1985-05-27	5 273	−32	淹矿井、停产 5 个月	2 642
陶阳矿	9901 工作面	1971-10-11	1 083	0	淹采区、停产 3 个月	200
陶阳矿	9507 工作面	1985-08-06	17 940	−32	淹中一井田、 停产 6 个月	2 611

表 2-4（续）

矿名	突水地点	突水时间	突水量/(m³/h)	突水点标高/m	影响生产情况	直接经济损失/万元
陶阳矿	8800 胶带下山	2006-09-06	1 200	－146	淹采区、停产 2 个月	200
国家庄矿	－210 m 北大巷	1993-01-05	32 970	－206	淹矿井、停产 6 个月	11 000
国家庄矿	8101 工作面	2002-12-27	1 500	－183	淹－210 m 水平、停产 5 个月	8 500
查庄矿	7905 工作面	2006-01-13	1 430	－311	淹工作面	8 000

3 奥灰上部注浆改造的必要性分析

3.1 薄层灰岩注浆改造的作用

肥城煤田是中华人民共和国成立以来最早开发的重要煤田之一,属于华北型石炭-二叠系全隐蔽式煤田。整个煤田已经进入深部下组煤太原组煤层的开采,受奥灰突水威胁极其严重。根据不完全统计,1965—2006 年肥城煤田开采期间,发生过各类矿井突水事故达到 297 次,其中 98％是底板突水。肥城煤田断裂构造发育,水文地质条件复杂,奥灰不仅岩溶、裂隙发育,而且水源补给条件好,动储量大,全区奥灰几乎没有可疏降性[103-105]。为了实现高承压水体上煤层的安全开采,长期以来肥城煤田实施底板注浆改造技术[106],注浆改造目的层是石炭系本溪组五灰,即徐家庄灰岩,其厚度通常为 5～10 m,属于薄层灰岩。煤层底板注浆改造的基本原理是在工作面回采之前,通过注浆对底板及五灰进行加固,增强底板抗压能力,最大限度地实现承压水体上的安全采煤。图 3-1 为五灰注浆改造示意图。

向五灰含水层注浆的主要作用有以下三点。

(1) 增大有效隔水层厚度。

根据"下四带"理论[27-28],在正常开采条件下,采空区的底板可划分为 4 个层带:矿压破坏带、新增损伤带、原始损伤带、原始导高带[图 3-2(a)]。"下四带"的演化关系为:在工作面未开采时,整个底板处于原始损伤状态,一旦工作面进入正常推进后,底板岩层会因产生的矿压遭到破坏。根据损伤断裂力学理论[107],在底板原始损伤裂纹的尖端就会产生应力集中,导致原始损伤裂纹向两端扩展延伸,从而形成新增损伤带。随着工作面不断推进,底板所承受的矿压也随之升高[108-109],导致新增损伤带厚度逐渐增大,原始损伤带厚度逐渐减小。当新增损伤带裂纹扩展到相互交错连通时,矿压破坏带就开始形成。随着工作面进一步推进,矿压进一步升高,呈现出新增损伤带厚度和矿压破坏

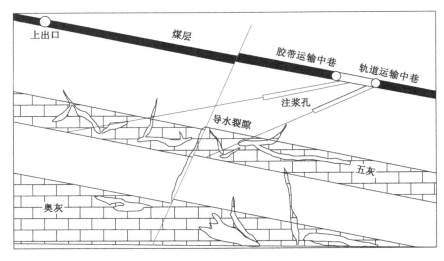

图 3-1   五灰注浆改造示意图

带厚度不断增大,原始损伤带厚度不断减小的特征。

根据"下四带"理论,底板突水的条件为:

① 若 $h_3 \neq 0$,则不突水;

② 若 $h_3 = 0$,$h_2 \neq 0$,且承压含水层的水压小于新增损伤带抗压强度,则不突水;

③ 若 $h_3 = 0$,$h_2 \neq 0$,且承压含水层的水压大于新增损伤带抗压强度,则突水;

④ 若 $h_3 = 0$,$h_2 = 0$,则突水。

由此可见,在不改变开采方式的前提下,防止高承压底板水突水的关键技术是:增大原始损伤带的厚度。通过对五灰含水层大量灌注浆液,浆液在五灰含水层中沿岩溶-裂隙扩散、结石、充填,把其中的水"置换"出来,使之不含水或弱含水,从而将五灰含水层改造成相对的隔水层,减小了渗透性,有效增大了隔水层厚度[图 3-2(b)]。

(2)堵塞或切断奥灰对五灰的补给通道。浆液在注浆压力作用下,可以沿奥灰水补给五灰的通道运移、扩散、结石,能够堵塞或切断裂隙、断层导水通道,减少奥灰水的补给量。

(3)提高五灰力学强度。浆液在注浆压力作用下,可以通过裂隙向煤层和五灰之间的底板隔水层运移、扩散、结石,能够把"碎块"的灰岩胶结成"整块",从而明显提高五灰的力学强度,增强其隔水能力。

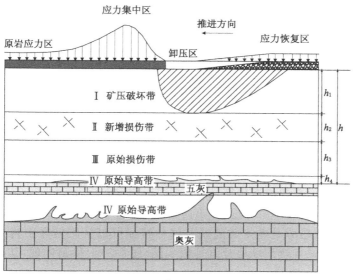

(a) 注浆改造前

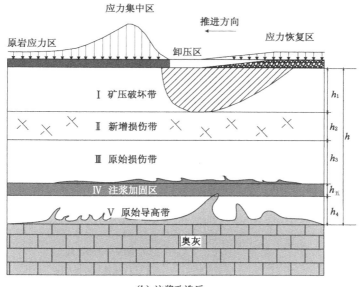

(b) 注浆改造后

图 3-2 五灰注浆改造前后工作面底板划分

3.2 奥灰上部注浆改造的必要性

长期的生产实践证明,薄层灰岩注浆改造在肥城煤田中浅部煤层开采时取得了良好的效果,所有经过底板五灰注浆改造后的工作面基本上没有发生突水事故。但是进入深部开采后,仍然采用对五灰注浆改造,难以保证工作面安全开采。在查庄矿、白庄矿、曹庄矿等矿井开采深部太原组8煤层、9煤层及10煤层时,底板奥灰突水事故时有发生[110-112]。因此,为了实现肥城煤田深部煤层安全开采,实施奥灰上部注浆改造是必要的。

3.2.1 煤田深部断裂构造特征

肥城煤田总体为单斜构造,煤田内断裂构造十分发育。从浅部向深部,断裂构造总体发育趋势是越来越复杂。这种特征可以从肥城煤田构造纲要图(图2-4)及白庄矿8煤层断层分维等值线图(图3-3)上得到体现,其断裂分维特征如下:

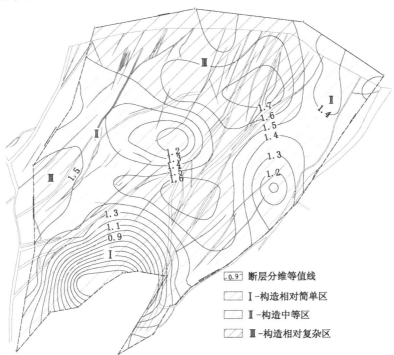

图 3-3 白庄矿 8 煤层断层分维等值线图

Ⅰ区:分布在井田的中部、东部和南部的小部分区域(浅部区域)。该区域几乎没有大断层发育,小断层也相对较少,构造交点和端点发育较少,断层规模和发育程度很小。

Ⅱ区:分布较广,作为Ⅰ区和Ⅲ区的过渡带。该区域构造交点和端点发育一般,大断层不多,岩体破碎程度中等,断层规模和发育程度中等,断裂分维值相对居中。

Ⅲ区:主要分布于井田中深部区域,即井田中北部的大面积区域内。该区域断层发育程度较大,断裂分维值最大为1.83,岩体较为破碎。

造成深部断裂构造更加复杂的重要原因之一是滑动构造[112]。根据肥城煤田已有的滑动构造资料,将该煤田滑动构造的基本特征总结如下:

(1)肥城煤田的滑动构造是一个以假整合面为主滑面,含煤地层中一系列次级滑面共同组成的多级滑动构造体系(图3-4)。滑动构造的下伏系统由古生界寒武系和奥陶系组成,厚度大于800 m,岩性以灰岩为主,在滑动过程中处于相对静止状态,构造形态比较简单,总体上表现为在向北倾斜的单斜构造上叠加了稀疏的区域性断裂。滑动层为五灰到奥灰之间的层段,岩性以泥岩、粉砂岩为主。主滑面是含煤地层与奥灰之间的假整合面。滑动系统为石炭-二叠系含煤地层。在含煤地层滑动过程中,其中的软弱面形成了一系列次级滑面,从而造成含煤地层的构造同下伏系统的构造显著不一致。

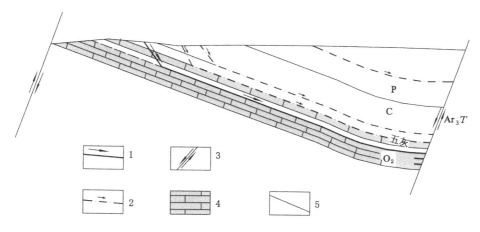

1—主滑面;2—次级滑面;3—正断层;4—石灰岩;5—石炭系与二叠系界面。

图3-4 肥城煤田多级滑动构造体系

(2)滑动构造没有造成煤田内地层层序大规模改变,但造成了地层的局部缺失和重复。主滑面产状与假整合面产状一致,倾向北,倾角6°~17°,总体形态呈上陡下缓的铲式。滑动构造的形成时间为燕山晚期之后,是多期滑动的结果。

（3）次级滑面在含煤地层中多处存在,但多沿煤层顶底界面发育,具有一定的层位性,主要存在于五灰顶面、8 煤层顶面、3 煤层顶底面附近。其表现形式主要有三种[6,113]:一是切层—顺层式(图 3-5)或顺层—切层式;二是顺层式(图 3-6);三是切层—顺层—切层式。

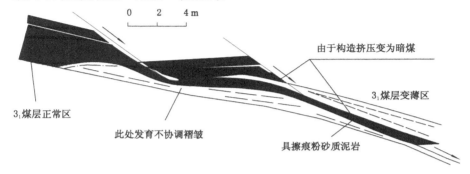

图 3-5　陶阳矿 3113 工作面倾向剖面图

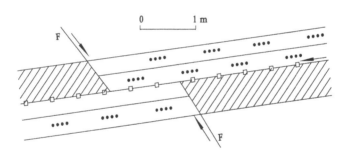

图 3-6　曹庄矿 1101 轨道运输中巷无煤带

（4）滑动构造的力学特征表现为:滑体的后缘拉张,中部剪切,前缘挤压。对应的地质特征表现为:浅部高角度正断层发育,中部顺层断层及煤层顶底板裂隙发育,深部出现逆断层及次级褶皱构造。煤田北界断层带内小褶皱、牵引挤压及断层泥片理化现象普遍存在。

（5）滑动构造的滑动方向在煤田不同块段略有差异,但总体上表现为由南向北。滑动的规模、距离、速度及时间等都受到断块的控制,在煤田内有差异性,但总体来看是一个受到断裂构造多期活动所控制、规模较小、速度缓慢、局部强烈的重力滑动。

从总结的肥城煤田滑动构造结构特征可以看出,煤田深部地层位于滑动构造运动的最前端,导致断裂构造更加复杂。

3.2.2 煤田深部隔水层特征

首先,滑动构造造成了深部五灰与奥灰间隔水层厚度减小且厚度变化大。五灰与奥灰间地层普遍存在着重复与缺失现象,并且以缺失为主,缺失程度各处不一。图 3-7 为五灰与奥灰间地层柱状对比图,可以看出缺失层位在不同地段常有变化:有的地段只有六灰之上的层段,如国家庄矿 83-2 钻孔;有的地段只有六灰之下的层段,如杨庄矿 81-水 3 钻孔;少数钻孔则见有五灰与奥灰直接接触,如查庄矿水井 3 钻孔。根据钻孔资料,肥城煤田五灰与奥灰间隔水层厚度为 0(查庄矿水井 3、第一勘探区 75-1 钻孔)~26.4 m(陶阳矿 1019 钻孔),平均为 7.84 m。图 3-8 为五灰与奥灰间距等值线图,可以看出:煤田内有 1/2 区域的五灰与奥灰间距小于 10 m,主要分布于煤田的西部、中南部和东部区域。五灰与奥灰含水层间距较小,即使落差小于 10 m 的小断层也能使五灰与对盘奥灰对接。

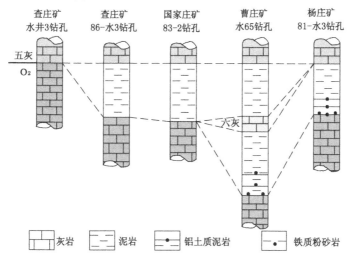

图 3-7　五灰与奥灰间地层柱状对比图

其次,滑动构造造成深部五灰与奥灰间隔水层普遍破碎。五灰与奥灰间岩性主要为泥岩,局部夹薄层灰岩(六灰)。其中泥岩的抗压、抗拉、抗剪性最弱,同时层理也十分发育,因此受到断裂构造、滑动构造破坏时,岩石破碎十分严重,往往成为断层带中主要组成成分。如杨庄矿 86-水 1 钻孔和陶阳矿 86-水 1 钻孔揭露资料(图 3-9),在奥灰上部有一断层带,表现为构造角砾岩,主要由砾状灰岩、泥岩等组成(图 3-10)。在断层带以上的泥岩,由于受断裂构造的影响,岩芯破碎、裂隙发育。

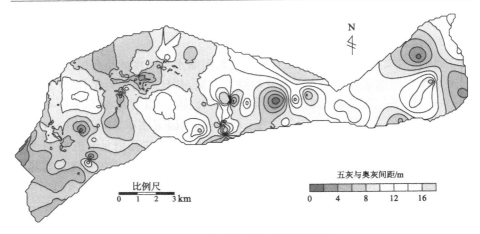

图 3-8　五灰与奥灰间距等值线图

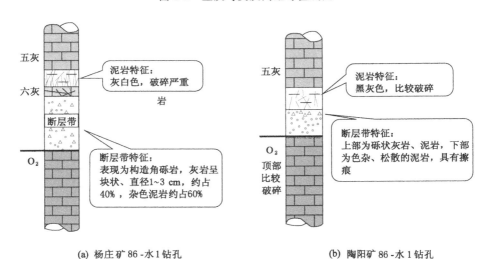

(a) 杨庄矿 86 - 水 1 钻孔　　　　　　　　　(b) 陶阳矿 86 - 水 1 钻孔

图 3-9　奥灰上部断层带特征图

3.2.3　煤田深部矿压造成的底板破坏深度

为了获得肥城煤田深部煤层开采时底板破坏深度实测数据,在曹庄矿选取了 8701 工作面、9604 工作面进行实测。实测设备为"钻孔双端封堵测漏装置"(图 3-11),是一种进行井下钻孔分段注水观测的设备,探管两端有两个连通的胶囊,平时处于静止收缩状态,可用钻杆将其推移到钻孔任何深度。通过耐压细径软管、调节阀门和压力表向胶囊内注入空气,可以使探管两端胶囊同时膨胀成球形栓塞,在钻孔内形成一定长度(设计为 1 m)的双端封堵孔段。

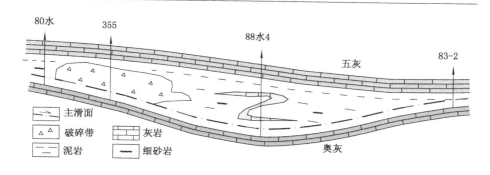

图 3-10 杨庄矿五灰至奥灰间地层剖面图

通过钻杆、调节阀门、压力表及流量表向封堵孔段定压注水,可以测出单位时间内注入孔段并经孔壁裂隙漏失的水量。理论上可以证明,当注水压力一定时,注水流量的大小取决于岩体的渗透性和裂隙大小,即注水流量随渗透系数的增大和裂隙的发育而增大。通过测定钻孔各段的漏失流量,对工作面开采前后裂隙发育情况进行探测,确定开采后的底板破坏深度。

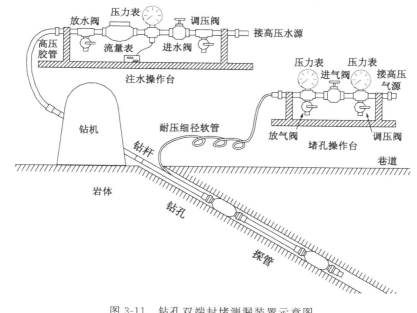

图 3-11 钻孔双端封堵测漏装置示意图

3.2.3.1 8701 工作面现场探测

曹庄矿 8701 工作面位于 8700 采区 8 煤层东翼第一区段,工作面走向长为 293 m,倾斜长为 104 m,回采标高为 -387.6～-433.2 m,地面标高为 +119.19～+119.75 m,采深为 507～553 m。在 8701 工作面布置 1 个采动破坏观测站,钻窝位于 8701 工作面风道终采线以外,距终采线水平距离为 8.83 m,并施工 2 个观测孔,分别为 T7、T8 孔(表 3-1)。

表 3-1 8701、9604 工作面观测孔参数表

地点	硐室	孔号	方位角/(°)	倾角/(°)	孔深/m
8701 工作面	钻窝 1	T7	68	-25	40.0
		T8	68	-47	56.8
9604 工作面	钻窝 3	9-1	211	+1	74.0
		9-2	200	-4	50.0
	钻窝 4	9-3	208	-1	64.0
		9-4	199	-19	31.5

(1)采前观测分析

根据 T7 孔采前注水漏失量图(图 3-12)可以看出,8 煤层底板原始裂隙发育,但是仅集中在煤层底板以下 10 m 以内,注水漏失量一般小于 2 L/min,说明裂隙发育轻微。钻孔底部注水漏失量小于 0.5 L/min,主要是在静水压力情况下封孔不良造成的轻微漏水。

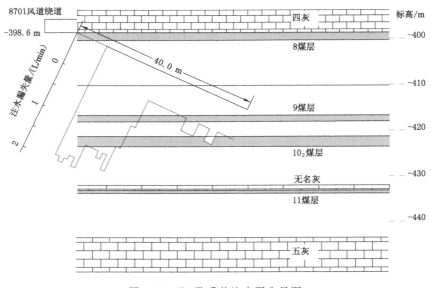

图 3-12 T7 孔采前注水漏失量图

根据 T8 孔采前注水漏失量图(图 3-13)可以看出,8 煤层底板原始裂隙发育情况与 T7 孔的基本一致,说明 8 煤层底板原始裂隙发育为层状裂隙,且封堵后钻孔注水漏失量较小,说明裂隙连通性较差,煤层处有轻微漏失。

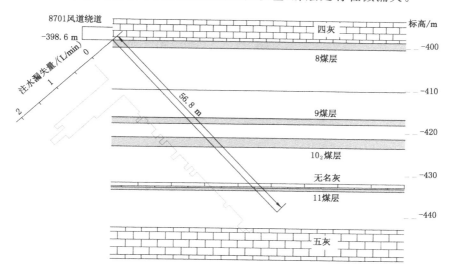

图 3-13 T8 孔采前注水漏失量图

(2) 采后观测分析

8701 工作面回采完毕 1 个月后,对 T7、T8 孔进行底板破坏深度探测,其中 T7 孔塌孔,仅对 T8 孔进行了实测。根据 T8 孔采后注水漏失量图(图 3-14)可以看出,自出套管开始,钻孔内注水漏失量较大,最大达到 16 L/min,但随着深度增加,注水漏失量逐渐减小,40 m 段以后注水漏失量稳定在 6~8 L/min,至孔底附近注水一直泄漏。因此认为底板破坏深度已发育至孔底,即垂直距离 8 煤层底板 39.6 m。工作面推进至距终采线 60 m 处时,涌水量变大,经分析认为底板五灰出水,说明 8701 工作面底板破坏深度可能已达五灰含水层。

综合分析,8701 工作面开采后的底板破坏深度至少为 39.6 m。

3.2.3.2 9604 工作面现场探测

曹庄矿 9604 工作面走向长为 336 m,倾斜长为 140 m,回采标高为 −185.3~−224.6 m,地面标高为 +109.3~+111.4 m,采深为 295~336 m。在 9604 工作面布置 2 个采动破坏观测站,并施工 4 个观测孔,分别为 9-1、9-2、9-3、9-4 钻孔(表 3-1)。

(1) 采前观测分析

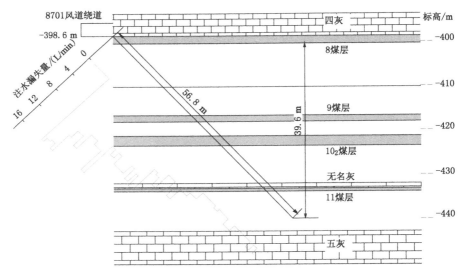

图 3-14 T8 孔采后注水漏失量图

根据 9-1 孔采前注水漏失量图（图 3-15）可以看出，在 46.3 m 处出现较大的注水漏失量，最大达 12 L/min，该处为无名灰段，判断此处裂隙较为发育。9-3 孔同样在无名灰段内的漏失量较大（图 3-16），由于该孔位于断层附近，判断裂隙的发育与断层也有相关性。9-2 孔孔内涌水量及水压过大，造成胶囊无法封堵，因此没有进行观测。

（2）采后观测分析

9604 工作面回采结束并稳定后，9-3、9-4 孔变形破坏严重，无法进行采后破坏深度探测，因此仅对 9-1、9-2 孔进行了探测（图 3-15、图 3-17），可以看出，9-1 孔中底板破坏深度为 13.5 m，9-2 孔中底板破坏深度为 14.2 m。

综合分析，9604 工作面开采后的底板破坏深度为 14.2 m。

根据以上观测结果，可以得出以下两个重要结论：

① 肥城煤田 8 煤层在 −433.2 m（采深约 553 m）采后底板破坏深度至少为 39.6 m。

② 肥城煤田 9 煤层在 −224.6 m（采深约 336 m）采后底板破坏深度为 13.5～14.2 m，即最大破坏深度为 14.2 m。

可见，在煤田深部，矿压对底板的破坏深度影响较大。

3.2.4 煤田深部奥灰水水压特征

图 3-18 为奥灰水水压等值线图，可以看出，奥灰水水压随着采深的增大而增大，煤田深部奥灰水水压明显增大。

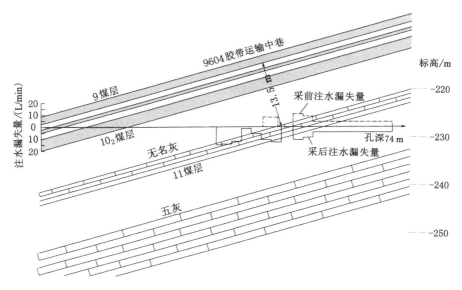

图 3-15　9-1 孔采前、采后注水漏失量图

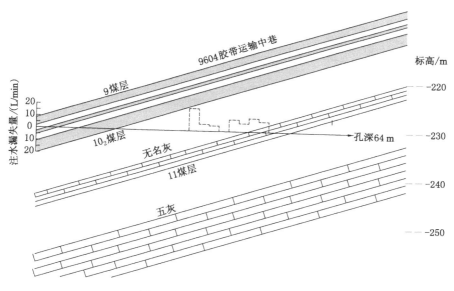

图 3-16　9-3 孔采前注水漏失量图

在工作面回采过程中,由于采动周期来压,煤层底板重复出现增压—卸压—恢复的状态,破坏了底板岩体的原有应力平衡状态[114],底板含水层中的静水压力也随之发生变化。根据曹庄矿 9023 工作面实施的采动矿压及底板

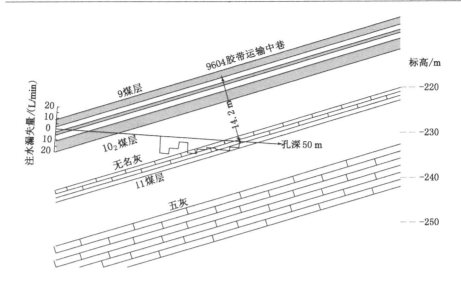

图 3-17　9-2 孔采后注水漏失量图

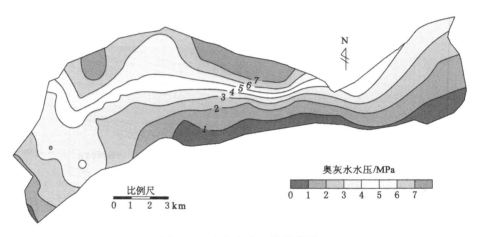

图 3-18　奥灰水水压等值线图

水压同步动态观测结果[115]可见,随 9023 工作面推进过程中底板支撑压力的变化,观测站 Ⅱ 钻孔中涌水量出现跳跃式上升,表明底板承压水运动场与采动应力场出现了同步耦合,如图 3-19 和图 3-20 所示(注:图中横坐标中负值表示测点在工作面后方)。随着采掘工作面的推进,煤层底板含水层中的水对煤层底板产生周期性的冲击和动量作用,这种冲击力对煤层底板隔水层具有一定的劈裂作用,促使隔水层底板原生裂隙进一步扩展。

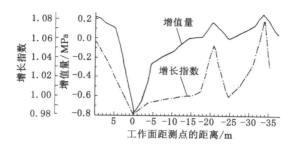

图 3-19 观测站Ⅱ底板应力增值量、增长指数曲线

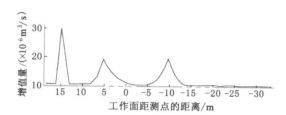

图 3-20 观测站Ⅱ钻孔涌水量增值量曲线

根据水压致裂原理,假设一含水裂隙,裂隙内存在水压,根据莫尔-库仑强度理论[116-117],该裂隙面的抗剪强度为:

$$\tau = c + (\sigma_n - p)\tan\varphi \tag{3-1}$$

式中 τ——裂隙表面剪应力,MPa;

　　c——内聚力,MPa;

　　σ_n——裂隙表面正应力,MPa;

　　φ——摩擦角,(°);

　　p——水压,MPa。

从式(3-1)可知,水压越大,岩石的抗剪强度就会越小。由于承压水的水压与其埋深成正比,采深越大的工作面,开采后底板岩层垂向卸压,此时水压对岩石抗剪强度的影响就更加突出,即水压越大,岩体越容易被破坏。

当裂隙内部受到的水压超过其强度极限时,就会产生断裂破坏,使阻水能力减弱[118]。而当水在相互贯通的裂隙中运动时,具有势能的静水压力会转换为动能,使裂隙中的水获得加速度,对裂隙面产生冲刷和扩张,其静水压力越大,获得的加速度越大,产生的冲刷力和破坏力也就越大。

因此,相同条件下水压越大对岩体的破坏力越大,突水的危险性也就越大。

综上所述,随着肥城矿区煤炭资源开采的纵深化发展,传统的薄层灰岩注浆改造不能保证深部煤炭资源的安全开采。针对矿井深部构造复杂、隔水层隔水能力降低、矿压增高、水压增强的特点,在传承肥城矿区薄层灰岩注浆改造技术基础上,开展奥灰上部注浆改造技术的研究,能够为防止灾害性奥灰突水事故的发生提供有效"治本"的途径。

4 奥灰上部岩溶发育规律及成因机理

4.1 奥灰顶界面特征

肥城煤田奥陶系地层自下而上划分为冶里-亮甲山组、下马家沟组、上马家沟组和峰峰组(表 4-1)。经过 4.8 亿 a 的地质历史演化,奥灰内部形成了多层次、多级别的复杂岩溶系统,其中位于奥灰上部的岩溶系统承压水,即峰峰组上段岩层(在此称为"奥灰上部"岩层)中发育的岩溶系统中的承压水,是造成上覆石炭系太原组煤层开采过程中底板突水的主要水源。研究奥灰上部岩溶纵向发育规律是确定奥灰上部注浆改造最佳层位的前提。

表 4-1 肥城煤田奥陶系地层划分表

地层			厚度/m	
系	组	段	单层厚度	累计厚度
奥陶系	峰峰组	上段	154.68	154.68
		下段	61.20	215.88
	上马家沟组	上段	60.25	276.13
		下段	165.08	441.21
	下马家沟组	上段	74.23	515.44
		中段	166.22	681.66
		下段	23.75	705.41
	冶里-亮甲山组	上段	154.28	859.69
		下段		

根据收集到的钻孔资料统计,在肥城煤田范围内共有 134 个钻孔揭露奥灰,其揭露的奥灰顶界面标高如表 4-2 所列。图 4-1 是根据表 4-2,应用 Surfer

软件绘制的肥城煤田奥灰顶界面标高等值线图,图 4-2 是根据该等值线图复原的肥城煤田现今的奥灰顶界面立体图。

表 4-2 肥城煤田奥灰顶界面标高统计表

孔号	坐标/m		奥灰标高/m	孔号	坐标/m		奥灰标高/m
	x	y			x	y	
查庄矿风检 88-1	4 012 186.1	20 460 981	−556.221	一勘探区 63-06	4 007 802.6	20 459 024	−151.700
白庄矿北风检 1	4 013 905.0	20 464 390	−485.010	大封矿启封 27	4 012 037.5	20 471 863	−150.089
查庄 75-3	4 011 478.3	20 460 742	−452.800	大封矿 A10	4 011 985.2	20 471 762	−147.924
曹庄矿 81004 注 1	4 012 442.0	20 474 918	−404.320	杨庄矿 87-水 3	4 013 957.5	20 479 254	−137.798
查庄矿 7905 堵 5	4 011 677.0	20 461 983	−387.490	曹庄矿注 9	4 011 498.8	20 474 546	−137.637
查庄矿 7905 堵 7	4 011 686.0	20 462 000	−385.500	杨庄矿 88-水 4	4 012 820.7	20 478 689	−130.986
国家庄矿奥 4	4 008 596.2	20 461 078	−370.142	查庄矿水井 3	4 009 859.0	20 458 160	−130.700
一勘探区 63-58	4 008 211.8	20 460 860	−369.500	杨庄矿 317	4 014 455.2	20 479 138	−129.266
查庄矿 7901 注 3	4 011 792.0	20 462 267	−351.510	杨庄矿 81-水 2	4 012 754.7	20 478 691	−122.948
查庄矿 96-水 1	4 009 201.7	20 459 289	−347.950	大丰勘探区 A7	4 011 818.9	20 469 463	−119.714
查庄矿 80-2	4 012 300.8	20 459 697	−336.812	杨庄矿 88-水 2	4 012 278.7	20 477 940	−115.315
白庄矿水井 2	4 012 286.8	20 465 077	−332.510	大封矿 A9	4 013 686.1	20 472 518	−113.712
国家庄矿 83-1	4 009 210.6	20 461 192	−322.481	杨庄矿 81-水 3	4 012 848.0	20 478 866	−112.706
一勘探区 63-26	4 007 905.3	20 460 614	−319.470	杨庄矿 311	4 013 044.0	20 478 955	−110.656
杨庄矿 83-2	4 014 150.0	20 478 035	−305.000	陶阳矿注 23	4 011 126.4	20 468 477	−104.030
一勘探区 63-36	4 010 493.9	20 460 694	−300.990	陶阳矿注 20	4 011 125.7	20 468 479	−103.880
查庄矿 8500 注 34	4 009 909.0	20 460 035	−300.200	陶阳矿 99-注 1	4 011 130.0	20 468 450	−103.100
国家庄矿 83-2	4 009 443.0	20 461 350	−297.641	陶阳矿水源井 6	4 010 965.8	20 468 040	−94.120
杨庄矿 82-水 1	4 014 184.3	20 477 886	−289.900	曹庄矿曹水 65	4 011 469.6	20 474 015	−94.103
第一勘探区奥 2	4 009 629.9	20 461 230	−283.630	查庄矿 10714 面 2# 奥 1	4 006 732.0	20 458 526	−91.400
陶阳矿 2003 水 1	4 012 155.5	20 468 600	−280.740	查庄矿 9905 面 2# 奥 2	4 007 310.0	20 458 672	−90.600
国家庄矿 96-1	4 010 861.0	20 461 310	−280.340	陶阳矿 86-水 1	4 010 904.8	20 468 190	−85.836
一勘探区 63-40	4 009 028.6	20 461 439	−275.330	曹庄矿曹水 66	4 011 576.0	20 477 636	−75.549
小王庄水井	4 009 987.8	20 463 100	−275.070	查庄矿 76-水 1	4 009 195.0	20 458 044	−68.580
第一勘探区奥 1	4 009 069.8	20 460 730	−274.360	一勘探区 63-水 15	4 006 574.0	20 459 763	−68.165
一勘探区 82-401	4 010 610.5	20 461 827	−272.774	查庄矿 8901 面 2# 奥 1	4 007 059.0	20 458 546	−62.000
国家庄矿奥 3	4 010 312.6	20 460 870	−267.772	查庄矿 10716 面 4# 奥 2	4 006 736.0	20 458 400	−52.900

表 4-2（续）

孔号	坐标/m		奥灰标高/m	孔号	坐标/m		奥灰标高/m
	x	y			x	y	
国家庄矿 94-1	4 010 580.5	20 461 762	−257.110	南高余矿奥 1	4 006 273.8	20 459 348	−51.847
一勘探区 75-1	4 010 375.0	20 460 927	−257.104	杨庄矿 87-水 4	4 013 259.1	20 479 759	−49.809
一勘探区 63-30	4 008 904.1	20 460 656	−256.590	南高余矿奥 4	4 005 988.0	20 458 744	−43.150
国家庄矿堵 5	4 010 669.8	20 461 714	−254.050	曹庄矿 77-水 45	4 011 178.7	20 474 108	−40.987
国家庄矿 93-1	4 011 132.1	20 461 731	−251.873	杨庄矿 355	4 011 767.6	20 479 017	−40.946
国家庄矿堵 4	4 010 654.2	20 461 706	−251.620	陶阳矿水源井 5	4 010 004.0	20 466 985	−40.810
一勘探区奥 7	4 008 231.0	20 460 021	−246.080	曹庄矿曹水 59	4 011 188.8	20 478 149	−24.860
查庄矿 86-水 3	4 009 457.0	20 459 443	−238.600	曹庄矿曹水 64	4 011 063.6	20 474 734	−20.316
陶阳矿 2003 水 2	4 012 137.7	20 467 544	−233.240	杨庄矿 86-水 1	4 011 601.8	20 478 658	−15.283
一勘探区西铺 1	4 008 347.6	20 459 652	−227.700	曹庄矿 76-水 30	4 010 834.8	20 476 129	−14.188
陶阳矿 80-4	4 012 030.5	20 467 208	−225.300	水泥厂水源井	4 010 930.0	20 472 670	−13.570
国家庄矿 8101 面 D9	4 008 598.5	20 459 914	−223.860	陶阳矿水源井 3	4 009 748.2	20 467 535	−0.020
白庄矿奥 1	4 011 752.5	20 463 729	−220.010	杨庄矿 81-水 1	4 012 248.7	20 480 087	2.454
国家庄矿奥 5	4 009 143.4	20 461 730	−218.880	国家庄矿水井 4	4 008 898.3	20 461 280	3.770
一勘探区 333	4 010 615.7	20 462 173	−214.630	一勘探区 63-09	4 006 984.6	20 458 290	8.850
陶阳矿 8800 堵 4	4 011 812.0	20 467 343	−207.114	杨庄矿 80-水 3	4 014 308.1	20 480 021	10.855
白庄矿奥 2	4 010 789.0	20 462 249	−204.180	曹庄矿水井 3	4 010 742.6	20 476 703	11.531
国家庄矿 80-2	4 009 656.0	20 462 098	−202.700	大封矿水源井 2	4 010 914.1	20 471 599	18.300
平阴矿注 1	4 011 330.0	20 464 021	−202.530	杨庄矿 80-水 1	4 011 311.9	20 479 331	19.561
隆庄矿注 4	4 007 207.5	20 460 177	−201.830	曹庄矿水井 4	4 010 911.9	20 477 082	20.229
陶阳矿 8800 堵 1	4 011 800.0	20 467 272	−196.947	南高余矿 79-水 3	4 006 087.0	20 459 100	26.105
平阴矿注 2	4 011 332.5	20 464 037	−196.810	曹庄矿 80-水 44	4 010 935.0	20 477 130	26.260
一勘探区 275	4 008 333.6	20 461 032	−195.140	曹庄矿水井 6-2	4 010 870.8	20 477 311	31.000
一勘探区 63-206	4 011 145.1	20 463 147	−194.840	陶阳矿 86-水 3	4 010 146.9	20 469 644	32.215
大封矿注 2	4 012 206.2	20 472 287	−194.080	一勘探区 124	4 007 099.9	20 461 171	35.300
陶阳矿 2001 水 2	4 011 906.1	20 468 592	−191.610	曹庄矿水井 5	4 010 692.7	20 477 601	36.128
大封矿注 1	4 012 213.4	20 472 321	−189.470	4741 工程水源井	4 010 867.0	20 474 082	38.525
一勘探区 63-272	4 011 259.8	20 464 416	−184.810	陶阳矿 87-水 1	4 008 910.8	20 469 706	58.709
一勘探区 246	4 008 809.5	20 461 442	−179.370	陶阳矿 87-水 2	4 006 011.8	20 469 936	60.226
查庄矿 63-水 5	4 009 039.7	20 458 862	−178.730	查庄矿水井 4	4 010 238.7	20 458 234	63.824

表 4-2（续）

孔号	坐标/m		奥灰标高/m	孔号	坐标/m		奥灰标高/m
	x	y			x	y	
平阴矿水源井 2	4 010 010.0	20 463 390	−178.000	查庄矿水井 6	4 010 405.0	20 458 358	64.000
西七矿区水源井	4 009 865.0	20 463 050	−176.500	查庄矿水井 5	4 010 269.0	20 458 265	64.000
查庄矿 96-水 2	4 008 630.0	20 459 470	−172.820	查庄矿水井 7	4 010 269.0	20 458 165	64.820
查庄矿 86-水 2	4 009 308.6	20 458 198	−167.220	梁庄水井 2	4 013 010.0	20 474 050	67.090
查庄矿 86-水 1	4 009 324.5	20 458 209	−164.670	陶阳矿 87-水 3	4 003 231.0	20 470 094	86.740
一勘探区西铺 49	4 007 862.1	20 460 807	−164.040	杨庄矿 87-水 1	4 013 327.0	20 481 405	98.450
查庄矿 78-水 2	4 009 315.2	20 458 208	−161.050	曹庄矿水井 6	4 010 620.6	20 477 281	36.313
白庄矿水井 3	4 012 950.0	20 464 890	24.720	查庄矿 95−水 1	4 009 635.0	20 458 479	−228.480
肥城矿务局水井 2	4 009 410.0	20 471 410	78.720	南高余矿水源井	4 007 930.0	20 458 157	−34.190
十里铺水源井 1	4 013 250.0	20 473 860	63.010	孙庄村矿区水井 1	4 016 090.0	20 479 590	25.110

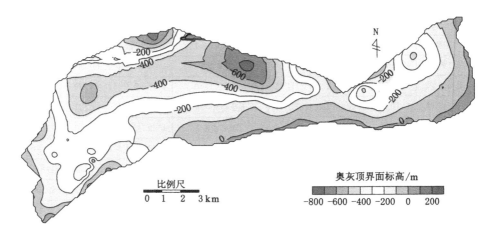

图 4-1　肥城煤田奥灰顶界面标高等值线图

从晚奥陶世开始,肥城煤田处于加里东期的隆起阶段,肥城煤田由海洋上升为陆地,中奥陶统灰岩长期裸露于地表遭受剥蚀、夷平和准平原化,造成上奥陶统至下石炭统的地层缺失,局部地区中、下奥陶统也缺失。在长期的风化、溶蚀过程中,全区形成了古风化壳和古岩溶地貌。在石炭纪中期至三叠纪,沉积了巨厚的海陆交互相含煤地层,奥灰进入深埋阶段[103],后期又经过多起构造运动形成了肥城煤田现在的构造格局。

图 4-2 为奥灰古地貌在后期的构造作用下改造而成的奥灰顶界面形态,从图

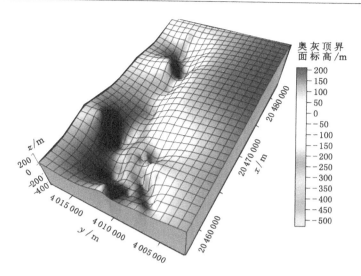

图 4-2　肥城煤田奥灰顶界面立体图

可以看出,在后期的构造作用下,奥灰顶界面的地形特征为南高北低、东高西低,在煤田西部奥灰顶界面地势起伏变化大,说明煤田西部区域的奥灰受多期构造运动的改造明显,势必造成奥灰上部峰峰组上段地层内岩溶发育有对应的特征。

4.2　奥灰上部岩溶纵向发育规律

4.2.1　奥灰上部岩溶-裂隙微观特征

4.2.1.1　奥灰上部岩芯样本 X 射线衍射测试及薄片鉴定

岩性是控制和影响岩溶发育的物质基础,其矿物成分、化学成分对岩溶的发育有着重要的影响。为了研究奥灰上部岩溶纵向发育规律,对奥灰上部岩性特征及其微观裂隙进行研究是非常必要的。因此,对白庄矿奥 3 孔、奥观 4 孔以及查庄矿奥 1 孔进行了系统的岩芯取样,从距奥灰顶界面的不同层位取芯,总共制作了 54 个岩芯样本(白庄矿奥 3 孔 44 个、查庄矿奥 1 孔 10 个,编号见图 4-3)。采用荷兰 Panalytical 公司生产的型号为 MagiX Pro 的 X 射线衍射仪(图 4-4)对岩芯样本的主要矿物种类进行了测试。

另外制作了 66 个岩芯薄片(白庄矿奥 3 孔 44 个、白庄矿奥 4 孔 12 个、查庄矿奥 1 孔 10 个,编号见图 4-3),进行显微镜下薄片鉴定,包括对主要矿物成分类型及比例、结构特征、裂隙特征、溶蚀特征等发育程度的观察描述,部分鉴定结果如表 4-3 所列。

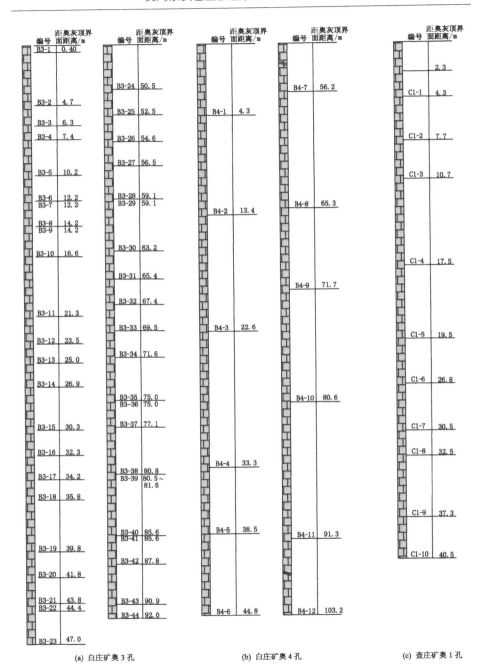

(a) 白庄矿奥 3 孔 (b) 白庄矿奥 4 孔 (c) 查庄矿奥 1 孔

图 4-3　岩芯样本及薄片编号

(a) 衍射仪器　　　　　　　　　(b) 分析仪器

图 4-4　X 射线衍射仪

表 4-3　部分岩芯薄片鉴定结果表

薄片编号	距奥灰顶界面距离/m	结构	溶孔	裂隙	缝合线
B4-1	4.3	泥晶结构	含有少量溶孔，直径为 0.01 mm	可见 5 条被方解石充填的裂隙，宽度为 0.01 mm	可见 3 条缝合线
C1-1	4.3	细粉晶结构	—	发育裂隙，宽度为 0.05～0.15 mm，均被方解石充填	—
B3-2	4.7	细粉晶结构	—	裂隙很发育，贯穿整个薄片，宽度为 0.01～0.15 mm，可见 3 条裂隙被方解石充填，1 条裂隙未被充填	—
B3-3	6.3	细粉晶结构	—	裂隙较发育，发育两条主要裂隙，宽度为 0.05～0.15 mm；局部发育 0.02 mm 宽的小裂隙；裂隙均被方解石充填	—
B3-9	14.2	粒屑结构	—	发育 5 条裂隙，呈 3 个方向，其中两两相互平行，一条斜交，宽度为 0.03～0.08 mm，均被方解石充填	—

表 4-3（续）

薄片编号	距奥灰顶界面距离/m	结构	溶孔	裂隙	缝合线
C1-4	17.5	泥晶结构	含有少量溶孔，直径为 0.01 mm，形状不规则	可见多条裂隙，宽度为 0.02～0.05 mm，多数被方解石充填，1 条未被充填	—
C1-5	19.5	细粉晶结构	—	可见多条被方解石充填的裂隙，宽度为 0.01～0.04 mm；还可见 3 条未被充填的裂隙，宽度为 0.01～0.02 mm，多沿缝合线发育	可见缝合线
B3-12	23.5	细晶结构	—	裂隙不发育	—
B3-16	32.3	细晶结构	含有少量溶孔，大小不一	发育 2～3 条裂隙，宽度为 0.05～0.12 mm，均被方解石充填	缝合线宽度为 0.02 mm，被残余不溶物充填
B4-4	33.3	细晶结构	—	可见 2 条未被充填的裂隙，宽度为 0.03 mm	—
B3-18	35.8	细粉晶结构	溶孔发育，大小不均一，直径为 0.01～0.20 mm，形状不规则，占 40% 以上	裂隙较发育，可见 4 条贯穿整个薄片、宽度为 0.01～1.20 mm 的裂隙，未被充填；还可见 4 条宽度为 0.5 mm、长度不等的小裂隙，均被方解石充填	—
B4-5	38.5	粗粉晶结构	—	可见 3 条被方解石充填的裂隙，宽度为 0.02～0.05 mm	—
C1-10	40.5	粗晶结构	—	可见 2 条被方解石充填的裂隙，宽度为 0.01～0.10 mm	—

表 4-3（续）

薄片编号	距奥灰顶界面距离/m	结构	溶孔	裂隙	缝合线
B3-21	43.8	泥晶结构	溶孔发育，局部直径达 0.25 mm	可见多条未被充填的裂隙贯穿整个薄片，宽度为 0.03～0.10 mm，与缝合线的发育一致，溶蚀作用强烈；还可见多条被方解石充填的小裂隙，宽度为 0.05～0.10 mm，延伸较短	可见缝合线
B3-22	44.4	泥晶结构	—	裂隙发育，大部分被方解石充填；有 1 条未被充填，最宽处 0.3 mm	—
B4-6	44.8	泥晶结构	—	发育大量裂隙，可见 4 条被方解石充填的裂隙，宽度为 0.05～0.30 mm；2 条未被充填的裂隙，沿缝合线发育，宽度为 0.05～0.10 mm	可见 1 条缝合线，延伸较长，两侧溶蚀作用差别较大
B3-23	47.0	泥晶结构	可见几处溶孔发育，形状不规则，直径为 0.1～0.3 mm	裂隙发育，部分裂隙被方解石充填，宽度为 0.01～0.20 mm；有 2 条裂隙未被充填，宽度为 0.05～0.30 mm；裂隙与裂隙、缝合线交织	缝合线非常发育，可见 7 条，宽度为 0.01～0.03 mm，多数被残余不溶物充填
B3-28	59.1	粒屑结构	溶孔发育，形状不规则，直径为 0.1～0.6 mm	发育裂隙较小，宽度约为 0.02 mm，且被方解石充填	可见缝合线，被暗色矿物充填
B3-32	67.4	泥晶结构	溶孔发育比较集中，多沿缝合线发育，局部直径可达 0.3 mm	发育多条裂隙，宽度为 0.03～0.20 mm，未被充填	可见 6 条缝合线，两侧溶蚀作用差异较大
B4-9	71.7	粒屑结构	发育少量溶孔，形状不规则，直径为 0.01～0.10 mm	可见 3 条被方解石充填的小裂隙，宽度为 0.03～0.15 mm	—
B3-44	92.0	粗晶结构	—	可见 1 条长度很小的裂隙，宽度为 0.02 mm，被方解石充填	—

4.2.1.2 奥灰上部微观裂隙及溶蚀特征

奥灰顶界面以下各层段微观裂隙及溶蚀特征具有明显的垂向层带性,具体表现为:

(1)奥灰顶界面以下 0～5 m 范围内裂隙发育,但基本被后期矿物充填。

根据 X 射线衍射测试分析结果(图 4-5,注:图中纵坐标单位 cps 表示每秒接收到的脉冲计数),在此层位范围内,Al、Fe 成分明显增多,反映奥灰顶界面为古风化壳。根据岩芯薄片鉴定结果(图 4-6),在此层位范围内,裂隙发育,宽度为 0.01～0.15 mm,但基本上被后期的方解石和铁、铝质黏土矿物等充填。

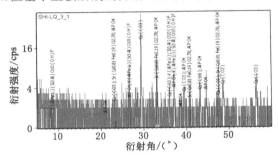

图 4-5 奥灰顶界面以下 0～5 m 范围内 X 射线衍射测试分析结果(B3-1)

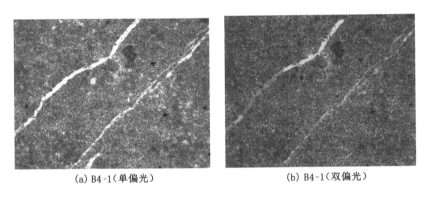

(a) B4-1(单偏光)   (b) B4-1(双偏光)

图 4-6 奥灰顶界面以下 0～5 m 范围内裂隙被矿物质充填

(2)奥灰顶界面以下 5～20 m 范围内裂隙较发育,部分被充填。

此层位范围内,岩芯薄片中溶孔很少,裂隙很发育,多条裂隙交叉切割(图 4-7),部分裂隙被方解石充填。

(3)奥灰顶界面以下 20～45 m 范围内,裂隙较发育,连通性好,少数被充填,溶孔比较发育,具有溶蚀现象,且越往下部溶蚀现象越明显。

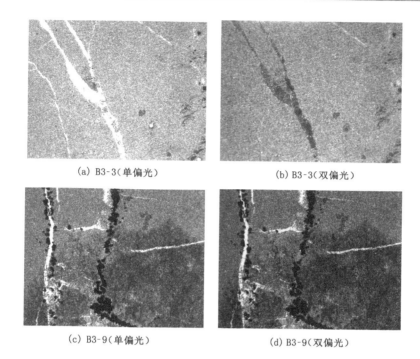

(a) B3-3（单偏光）　　　　　　　　　(b) B3-3（双偏光）

(c) B3-9（单偏光）　　　　　　　　　(d) B3-9（双偏光）

图 4-7　奥灰顶界面以下 5～20 m 范围内裂隙交叉切割

此层位范围内,裂隙发育,宽度为 0.01～0.15 mm,有的裂隙相互平行,有的呈树枝状,沿缝合线发育,与溶蚀作用密切相关,多数裂隙未被充填,裂隙连通性好(图 4-8)。其中在奥灰顶界面以下 35～45 m 范围内,溶孔明显发育,形状不规则(图 4-9)。另外,部分层位具有溶蚀现象,且溶蚀作用强烈,尤其是在奥灰顶界面以下 40～45 m 范围内[图 4-8(a)、(b)]。

(4) 奥灰顶界面以下 45～70 m 范围内,溶孔、溶隙皆发育,溶蚀作用非常强烈。

此层位范围内,溶孔非常发育,直径可达 0.6 mm,分布集中(图 4-10);溶隙多沿缝合线发育,未被充填,溶蚀作用非常强烈,局部溶蚀宽度可达 0.3 mm,6 条缝合线两侧溶蚀作用差异较大(图 4-11)。

(5) 奥灰顶界面以下 70～100 m 范围内,裂隙发育一般,多数被充填,溶蚀作用不明显。

此层位范围内,溶隙不发育,裂隙较少,溶蚀现象不明显(图 4-12)。

4.2.2　地面钻孔揭露的奥灰上部岩溶-裂隙宏观特征

钻孔资料是揭露奥灰上部岩溶发育层位的直接资料,因此充分挖掘钻

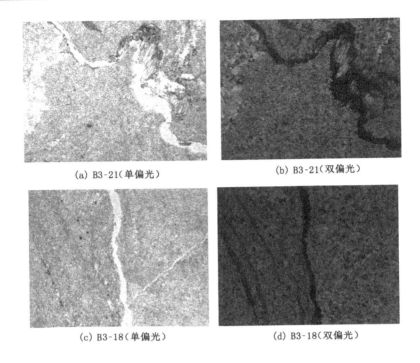

(a) B3-21(单偏光)　　　　　　　(b) B3-21(双偏光)

(c) B3-18(单偏光)　　　　　　　(d) B3-18(双偏光)

图 4-8　奥灰顶界面以下 20～45 m 范围内裂隙

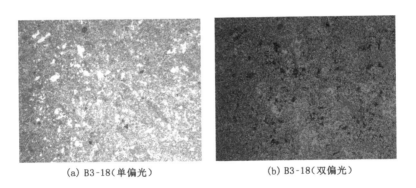

(a) B3-18(单偏光)　　　　　　　(b) B3-18(双偏光)

图 4-9　奥灰顶界面以下 20～45 m 范围内溶孔

孔资料提供的信息,能够总体掌握奥灰上部岩溶发育规律及发育层位。在钻孔资料中,能够直接反映岩溶发育强度的是钻探过程出现的掉钻现象,其次是岩芯溶洞发育和钻孔漏水情况。根据收集到的钻孔资料,研究区范围内共有 134 个钻孔揭露奥灰,但由于大部分钻孔揭露奥灰深度较小或者岩

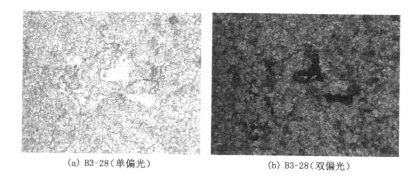

(a) B3-28（单偏光）　　　　　　　　(b) B3-28（双偏光）

图 4-10　奥灰顶界面以下 45～70 m 范围内溶孔

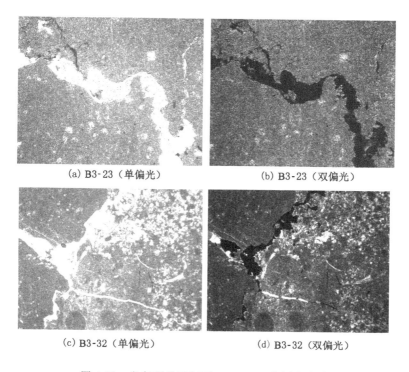

(a) B3-23（单偏光）　　　　　　　　(b) B3-23（双偏光）

(c) B3-32（单偏光）　　　　　　　　(d) B3-32（双偏光）

图 4-11　奥灰顶界面以下 45～70 m 范围内溶隙

芯未详细描述,不具有参考价值。本书仅对揭露奥灰上部岩层较全、岩芯描述较详细且岩溶裂隙较发育的 29 个地面钻孔,进行详细的岩溶发育主要层位统计,如表 4-4 所列。

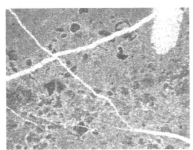 

(a) B4-9（单偏光）　　　　　　　　(b) B3-44（单偏光）

图 4-12　奥灰顶界面以下 70~100 m 范围内裂隙被充填

表 4-4　钻孔揭露奥灰上部岩溶发育主要层位特征统计表

编号	孔号	奥灰标高/m	奥灰埋深/m	岩溶发育主要层位特征（进入奥灰深度）
1	白庄矿奥 2	−204.180	278.80	20.54~35.94 m 范围内岩溶裂隙发育； 73.20~91.20 m 范围内岩芯破碎，裂隙发育，87.48 m 处漏水
2	白庄矿奥 1	−220.010	299.31	33.69~56.19 m 范围内岩芯破碎，裂隙发育，见缝合线； 70.00~74.19 m 范围内岩芯破碎，裂隙发育，有水浸痕迹
3	白庄矿水井 3	24.720	55.28	21.00~31.70 m 范围内岩芯破碎，裂隙发育，溶洞不发育； 45.00~60.00 m 范围内岩芯破碎，溶洞发育； 99.92~101.72 m 范围内岩芯破碎，直径 0.50~1.00 cm 的溶洞发育
4	曹庄矿曹水 65	−94.103	202.49	40.00~50.00 m 范围内岩溶裂隙发育
5	曹庄矿 76-水 30	−14.188	116.94	62.80~69.26 m 范围内岩溶裂隙发育，有漏水
6	曹庄矿水井 5	36.128	67.57	0.93~5.00 m 范围内裂隙发育，有漏水； 56.28~62.90 m 范围内蜂窝状溶洞发育，有漏水； 98.00~99.00 m 范围内溶洞发育
7	查庄矿 86-水 3	−238.600	134.73	42.07~45.40 m 范围内裂隙发育，有漏水
8	查庄矿 95-水 1	−228.480	298.48	28.22~30.09 m 范围内岩溶裂隙发育，有漏水
9	查庄矿 96-水 2	−172.820	242.32	41.54~55.24 m 范围内岩芯破碎，裂隙发育
10	查庄矿 78-水 2	−161.050	126.05	10.00~25.00 m 范围内岩芯破碎，裂隙发育，见缝合线

表 4-4（续）

编号	孔号	奥灰标高/m	奥灰埋深/m	岩溶发育主要层位特征（进入奥灰深度）
11	大封矿水源井 2	18.300	84.50	28.24～49.36 m 范围内裂隙发育； 55.59～85.34 m 范围内溶洞发育，有漏水，82.46 m 处掉钻 0.25 m； 105.00～108.22 m 范围内有直径 0.10～0.20 m 的溶洞发育，有漏水
12	大封矿注 1	−189.470	305.47	1.79～5.24 m 范围内裂隙发育，有漏水； 21.33 m 以深未取芯
13	肥城矿务局水井 2	78.720	31.28	0～52.52 m 范围内顶部为第四系冲积层，被黄泥充填，其余部位溶洞发育，有漏水； 55.72～87.06 m 范围内溶洞发育，溶洞直径可达 0.15 m，有漏水； 136.00～142.00 m 范围内蜂窝状、网状溶洞十分发育
14	国家庄矿 83-2	−297.641	370.68	53.32～62.32 m 范围内溶洞发育
15	国家庄矿奥 4	−370.142	440.86	15.00～30.00 m 范围内岩芯破碎，裂隙发育； 30.00～55.00 m 范围内岩溶裂隙发育； 55.00～60.00 m 范围内溶洞发育，55.00 m 处漏水
16	南高余矿奥 4	−43.150	109.15	17.85～22.85 m 范围内岩溶裂隙发育，17.85 m 处漏水； 22.85～27.85 m 范围内岩芯破碎，溶洞发育
17	南高余矿水源井	−34.190	9.81	0～15.19 m 范围内岩溶裂隙发育，4.94 m 处漏水； 15.19～27.00 m 范围内溶洞发育，溶洞直径可达 0.15 m，有水锈； 34.00～39.00 m 范围内岩芯破碎，裂隙发育，裂隙面有水锈
18	平阴矿水源井 2	−178.000	255.00	50.40～56.40 m 范围内溶洞发育； 75.00～85.00 m 范围内溶洞发育，有漏水，76.56 m 处掉钻 0.20 m； 123.70～125.00m 范围内溶洞发育
19	十里铺水源井 1	63.010	66.99	40.10～59.90 m 范围内溶洞发育，58.10 m 处漏水； 78.10～87.00 m 范围内岩溶裂隙发育，有漏水； 135.90～136.60 m 范围内岩溶裂隙发育

表 4-4（续）

编号	孔号	奥灰标高/m	奥灰埋深/m	岩溶发育主要层位特征（进入奥灰深度）
20	孙庄村矿区水井 1	25.110	94.89	0～22.27 m 范围内裂隙发育，有漏水； 22.27～45.61 m 范围内蜂窝状溶洞发育，有漏水； 102.11～127.11 m 范围内裂隙发育，有漏水
21	陶阳矿 86-水 1	−85.836	174.55	28.07～38.15 m 范围内岩溶裂隙发育，有漏水； 52.00～60.00 m 范围内溶洞发育，54.00 m 处掉钻 0.05 m
22	陶阳矿 2001 水 2	−191.610	286.11	10.41～27.00 m 范围内裂隙发育，有漏水； 47.80～49.00 m 范围内岩溶裂隙发育
23	陶阳矿 2003 水 2	−233.240	324.34	61.00～78.00 m 范围内岩溶裂隙发育，有漏水
24	杨庄矿 81-水 1	2.454	110.35	4.00～16.20 m 范围内岩溶裂隙发育，有漏水
25	杨庄矿 81-水 3	−112.706	224.95	35.00～46.00 m 范围内岩芯破碎，裂隙发育； 46.00～48.00 m 范围内蜂窝状溶洞发育，有漏水； 133.63～140.80 m 范围内岩芯破碎，裂隙发育，有漏水
26	杨庄矿 86-水 1	−15.283	122.79	37.10～46.10 m 范围内溶洞发育； 59.00 m 处掉钻
27	杨庄矿 87-水 1	98.450	21.60	33.52～39.86 m 范围内岩芯破碎，裂隙发育，有漏水； 57.95～60.84 m 范围内溶洞发育，有漏水； 81.10～88.68 m 范围内蜂窝状溶洞十分发育，有漏水
28	杨庄矿 87-水 3	−137.798	255.88	1.99～38.60 m 范围内溶洞发育，有漏水，1.99 m 处掉钻 0.60 m
29	杨庄矿 81-水 2	−122.948	126.05	12.00～31.00 m 范围内岩芯破碎，岩溶裂隙发育，有漏水

根据表 4-4，按照 10 m 深度的间隔，从岩溶裂隙发育钻孔数、见溶洞钻孔数、掉钻钻孔数等方面进行了统计分析，统计结果见表 4-5。

表 4-5　钻孔揭露奥灰上部岩溶情况统计表

进入奥灰深度/m	岩溶裂隙发育钻孔数/个	见溶洞钻孔数/个	掉钻钻孔数/个
0～10	2	1	1
10～20	4	3	0

表 4-5（续）

进入奥灰深度/m	岩溶裂隙发育钻孔数/个	见溶洞钻孔数/个	掉钻钻孔数/个
20～30	5	5	0
30～40	5	4	0
40～50	3	6	0
50～60	1	10	2
60～70	2	5	0
70～80	2	3	1
80～90	1	4	1
90～100	0	2	0
100～110	0	2	0
110～120	0	0	0
120～130	0	1	0
130～140	1	1	0
140～150	0	1	0

　　为了更详细客观地研究奥灰上部岩溶的发育特征及垂向发育层位,根据表 4-4 绘制了奥灰上部岩溶发育层位剖面图(图 4-13 所示)。

　　从图 4-13 及表 4-5 可以看出,奥灰岩溶在垂向上的发育程度存在明显的层带性,具体表现为:

　　(1)在奥灰顶界面以下 0～5 m 范围内,原始发育的岩溶裂隙大部分已被充填,仅南高余矿水源井由于上部为冲积层,使此层位奥灰岩溶裂隙发育,并有漏水现象。另外杨庄矿 87-水 3 钻孔溶洞发育,并掉钻,由于该钻孔位于向斜轴部,裂隙发育,使得该钻孔岩溶发育强度及发育范围、层位均较其他钻孔强烈,据放水、连通试验可知该处五灰与奥灰水力联系密切。

　　(2)在奥灰顶界面以下 5～20 m 范围内,除南高余矿水源井、肥城矿务局水井 2 由于处于第四系表土或冲积层之下,以及杨庄矿 87-水 3 钻孔位于向斜轴部,岩溶裂隙、溶洞发育外,大多数钻孔溶洞被充填,说明此层位以裂隙型为主,富水性不强。

　　(3)在奥灰顶界面以下 20～45 m 范围内,岩溶裂隙发育钻孔数有 7 个,见溶洞钻孔数有 7 个,说明该层位岩溶裂隙连通性极好、岩溶发育。

　　(4)在奥灰顶界面以下 45～90 m 范围内,溶洞普遍发育,岩溶裂隙发育钻孔数有 6 个,见溶洞钻孔数有 13 个,并出现掉钻现象,尤其集中于 50～80 m 范围内。

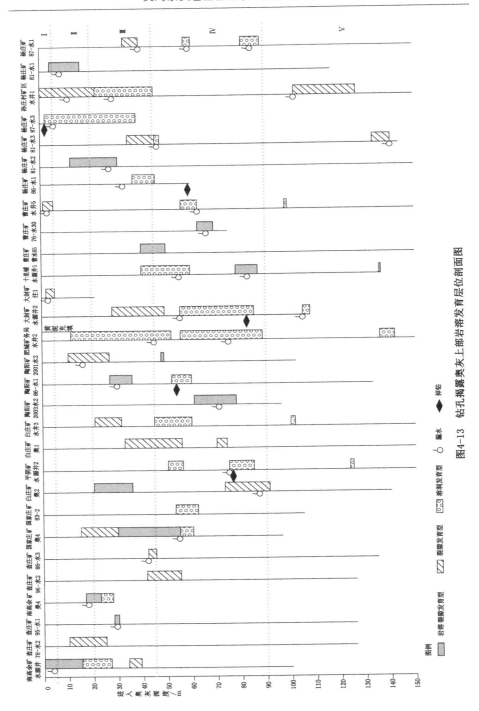

图4-13 钻孔揭露奥灰上部岩溶发育层位剖面图

（5）在奥灰顶界面以下 90～150 m 范围内，岩溶裂隙普遍不发育，仅个别钻孔溶洞发育。

此外，奥灰露头或被第四系覆盖的隐伏露头部位的岩溶发育。在奥灰隐伏露头处，由于奥灰上部直接为第四系表土或冲积层，使奥灰上部风化、溶蚀严重，岩溶洞穴发育，奥灰上部溶洞发育层位较靠近奥灰顶界面，且岩溶发育强烈，如南高余矿水源井等。

4.2.3 井下钻孔揭露的奥灰上部涌水特征

对白庄矿、查庄矿 6 个奥灰上部注浆改造工作面，199 个奥灰注浆孔揭露的奥灰涌水量资料进行了统计分析（表 4-6），在进入奥灰 0～50 m 范围内，奥灰钻孔涌水量最大为 200.0 m³/h，最小为 0.1 m³/h，按照钻孔涌水量 0～50.0 m³/h、50.0～100.0 m³/h、大于 100.0 m³/h 进行统计，各区段钻孔所占比例分别为 11%、15% 和 74%；各工作面奥灰钻孔平均涌水量为 3.3～77.2 m³/h。以上说明奥灰顶界面以下 0～50 m 范围内含水层在区域上具有不均一性，局部富水较强，总体来说富水性中等。

表 4-6 白庄矿、查庄矿奥灰上部注浆改造工作面单孔涌水量统计表

矿名	工作面	奥灰钻孔涌水量/（m³/h）		
		最小	最大	平均
查庄矿	8603	1.0	133.0	45.0
	81001	0.5	27.0	15.1
	81002	0.5	100.0	32.5
白庄矿	8109	0.5	80.0	24.2
	8802	2.0	200.0	77.2
	8107	0.1	30.0	3.3

对各钻孔中奥灰初见水深度以及水量增大深度进行了统计分析（图 4-14），奥灰初见水深度在 0～30 m 范围内的钻孔数占 96.6%，尤其是在 5～20 m 的深度范围内，奥灰初见水钻孔所占比例最大，约 55%；在 20～30 m 的深度范围内，奥灰水量增大钻孔所占比例最大，为 41.2%，其次为 30～40 m 的深度范围内。

对奥灰上部不同深度的平均涌水量进行了统计，进入奥灰 0～10 m 范围内钻孔平均涌水量为 5 m³/h，10～20 m 范围内钻孔平均涌水量为 17 m³/h，20～50 m 范围内钻孔平均涌水量为 56 m³/h（表 4-7）。

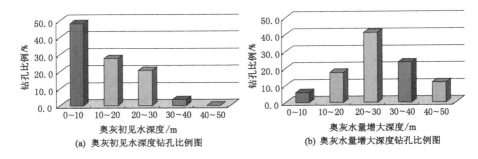

图 4-14　奥灰初见水深度、水量增大深度钻孔比例图

表 4-7　奥灰上部钻孔不同深度平均涌水量统计表

进入奥灰深度/m	0～10	10～20	20～50
平均涌水量/(m³/h)	5	17	56
备　注	0～5 m 大部分无水	一般小于 15 m³/h，个别钻孔可达 200 m³/h	各钻孔涌水量相差较大，最大可达 200 m³/h，约 20% 的钻孔涌水量大于 100 m³/h

综上分析，井下钻孔揭露的奥灰上部涌水特征及富水性如下：

（1）在区域上，奥灰上部 0～40 m 范围内，涌水量变化较大，富水性具有明显的非均一性。

（2）在垂向上，奥灰上部涌水特征及富水性表现出明显的分层性，具体为：

① 奥灰顶界面以下 0～5 m 范围内一般不富水。该范围大部分钻孔初见水是在进入奥灰 5 m 以深的层位，该层位平均涌水量很小。

② 奥灰顶界面以下 5～20 m 范围内局部富水性较强。该范围是奥灰初见水深度所占比例最大的层位，约 55%，该层位涌水量开始变大，但平均涌水量约 17 m³/h，总体富水性不是很强，但局部涌水量较大，可达 200 m³/h。

③ 奥灰顶界面以下 20～50 m 范围内富水性强。该范围是奥灰水量增大钻孔所占比例最大的层位，且平均涌水量为 56 m³/h，约 20% 的钻孔涌水量大于 100 m³/h，说明该层位富水性明显增强。

4.3　奥灰上部层带划分及成因机理

4.3.1　奥灰上部岩溶-裂隙垂向层带划分

综合岩芯薄片鉴定及 X 射线衍射测试揭露的奥灰上部岩溶-裂隙微观特征、地面钻孔揭露的奥灰上部岩溶-裂隙宏观特征及井下钻孔揭露的奥灰上部涌水特征,对肥城煤田奥灰上部岩溶-裂隙进行了垂向层带划分,如图 4-15 所示。

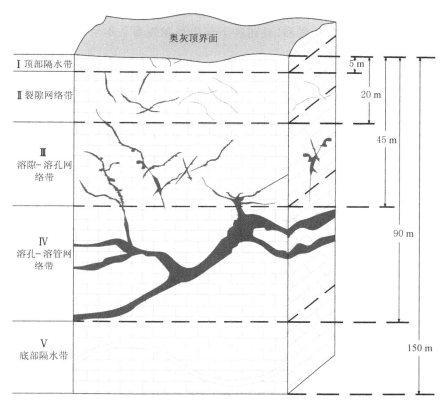

图 4-15 奥灰上部岩溶-裂隙垂向层带划分图

(1) Ⅰ顶部隔水带(0~5 m)

奥灰上部 0~5 m 层位。本层位裂隙较发育,但大部分被方解石充填,大多数钻孔岩溶不发育,为奥灰古剥蚀面,原本发育良好的岩溶裂隙基本被后期的物质充填,导致岩溶在这个层位停止发育,仅见个别溶洞或溶蚀现象,如南高余矿水源井和杨庄矿87-水3钻孔。井下揭露钻孔涌水量较小,但是在局部垂向裂隙发育地段,钻孔涌水量较大。本层位为奥灰上部的相对隔水带。

(2) Ⅱ裂隙网络带(5~20 m)

奥灰上部 5~20 m 层位。本层位裂隙较发育,部分被充填,井下大部分区域钻孔涌水量不大,但局部富水性较强,钻孔涌水量较大,可达 200 m³/h。本层位为溶蚀化充填-半充填带,以裂隙型地下水网络为主。

（3）Ⅲ溶隙-溶孔网络带（20～45 m）

奥灰上部 20～45 m 层位。本层位无论是岩芯薄片鉴定的微观岩溶-裂隙，还是地面钻孔岩芯揭露的宏观岩溶-裂隙都比较发育，多数裂隙未被充填，裂隙连通性好，溶蚀作用强烈，且越往下部岩溶越发育。本层位主要以溶隙-溶孔网络型为主。

（4）Ⅳ溶孔-溶管网络带（45～90 m）

奥灰上部 45～90 m 层位。本层位岩芯薄片鉴定显示，溶孔、溶管非常发育，溶孔直径可达 0.6 mm，分布集中，多沿缝合线发育，溶蚀作用非常强烈，可见大量缝合线；而地面钻孔岩芯资料表明本层位溶洞普遍发育，并出现掉钻现象，尤其集中于 50～80 m 范围内。本层位主要以溶孔-溶管型网络为主，为奥灰上部岩层的主径流通道发育层位。

（5）Ⅴ底部隔水带（90～150 m）

奥灰上部 90～150 m 层位。本层位裂隙较少，多数被充填，溶蚀作用不明显，仅局部地段岩溶发育，见小溶洞。本层位为奥灰上部主要径流层段与下部含水层的隔水带。

4.3.2 奥灰上部岩溶-裂隙垂向层带成因机理

肥城煤田奥灰上部岩溶-裂隙垂向层带特征的形成，与古岩溶的后期充填、碳酸盐岩的物质成分及结构特征、地下水作用、构造运动等有很大关系。造成这种特征的主要原因有以下三点。

（1）古岩溶后期充填的影响

从晚奥陶世开始，肥城煤田处于加里东期的隆起阶段，肥城煤田由海洋上升为陆地，中奥陶统灰岩长期裸露地地表遭受风化剥蚀与溶蚀作用，全区形成了古剥蚀面和岩溶面，并伴有古岩溶和溶蚀裂隙。但由于后期充填，使得奥灰上部 0～20 m 层位成为相对隔水带和以裂隙型为主的充填-半充填带。

从奥灰古风化壳裂隙充填矿物特征（图 4-16）及钻孔岩芯可以推断其中的裂隙充填发生在两个阶段：一是在奥灰遭受强烈的风化剥蚀过程中，Al、Fe 等矿物淋溶、淀积，以铁质、铝质黏土等形式充填于裂隙中；二是在中石炭世以后华北地台下沉接受本溪组沉积物覆盖过程中，沉积的泥岩充填裂隙，后期又以 Ca 为主的矿物质淋溶、淀积，以 $CaCO_3$ 等形式充填于裂隙中。古岩溶裂隙被充填，在奥灰上部 0～5 m 层位导水型的裂隙不发育，仅在局部受到褶皱、断层影响的部位，裂隙发育；往下部的 5～20 m 层位，由于充填作用减弱，部分裂隙被充填，部分裂隙未被充填或者是后期构造产生了新裂隙，成为裂隙充填-半充填带。

（2）碳酸盐岩物质成分的影响

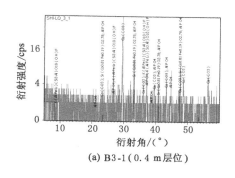

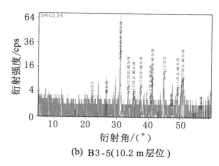

(a) B3-1(0.4 m 层位) (b) B3-5(10.2 m 层位)

图 4-16 奥灰上部古风化壳 X 衍射测试分析结果

碳酸盐岩的岩性及矿物组分是岩溶发育的物质基础。据大量研究资料表明,碳酸盐岩的物质成分对岩溶发育的影响显著。根据白庄矿奥 3 孔、白庄矿奥 4 孔和查庄矿奥 1 孔岩芯薄片鉴定及 X 射线衍射测试分析结果,肥城煤田奥灰上部岩性主要是以灰岩为主,其次为白云质灰岩和白云岩。矿物组分主要是以方解石为主,其次为白云石,除此之外,还含有酸不溶物、硅质成分、石膏、黄铁矿等。这些成分主要通过以下几个方面影响奥灰上部岩溶的发育。

① 在奥灰上部 47.0～80.0 m 层位,方解石含量比较高,岩性比较单一,以灰岩为主,从方解石含量来说,该层位有利于岩溶的发育。

碳酸盐岩中方解石含量越高,则越有利于岩溶的发育[119]。根据岩芯薄片鉴定及 X 射线衍射测试分析结果,绘制了奥灰上部不同层位碳酸盐岩中方解石含量曲线变化图,如图 4-17 所示。从图 4-17 可以看出:在奥灰上部 0～26.8 m 层位,方解石含量平均为 46.6%,方解石含量比较低,该层位以白云质灰岩和白云岩为主,与灰岩呈互层状分布;在奥灰上部 26.8～47.0 m 层位,方解石含量平均为 70.9%,该层位方解石含量比 0～26.8 m 层位的高;在奥灰上部 47.0～80.0 m 层位,方解石含量平均为 94.4%,除 1 个薄片中方解石含量较低外,其余薄片中方解石含量为 92.0%～99.0%;在奥灰上部 80.0～100.0 m 层位,方解石含量降低,平均为 89.0%。

综上分析,在奥灰上部 47.0～80.0 m 的层位,岩性比较单一,以灰岩为主,方解石的含量比较高,平均为 94.4%,从方解石含量来说,该层位有利于岩溶的发育。在奥灰上部 26.8～47.0 m 层位和 80.0～100.0 m 层位,方解石含量平均为 70.9% 和 89.0%,该层位岩溶发育与 47.0～80.0 m 层位岩溶发育相比较弱。

② 在奥灰上部 16.6 m、37.3 m、41.8m、80.8 m 层位普遍存在酸不溶物,而这些成分的存在会降低该层位岩溶的发育。

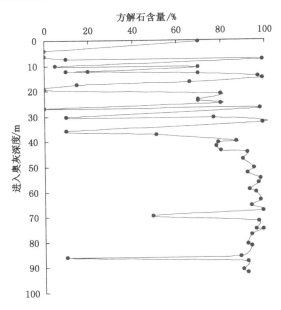

图 4-17　奥灰上部不同层位方解石含量

　　根据相关研究表明,酸不溶物含量越高,尤其是硅质含量越高而且呈分散状态时,碳酸盐岩越不易溶蚀,岩溶的发育强度越弱[120]。根据 X 射线衍射测试分析结果(图 4-18)可见,在奥灰上部 16.6 m、37.3 m、41.8 m、80.8 m 层位普遍存在 SiO_2、Fe_2O_3 等酸不溶物,而这些成分的存在会降低该层位碳酸盐岩的溶蚀作用。

　　③ 在奥灰上部 30.3 m、32.3 m、56.5 m、59.1 m 层位存在硫酸盐矿物,对该层位碳酸盐岩的岩溶发育有利。

　　碳酸盐岩中含有的石膏等硫酸盐矿物,对岩溶发育有利[121]。根据 X 射线衍射测试分析结果(图 4-19)可知,在奥灰上部的 30.3 m、32.3 m、56.5 m、59.1 m 层位普遍存在石膏等硫酸盐矿物,有助于该层位碳酸盐岩的岩溶发育。

　　(3)碳酸盐岩结构的影响

　　碳酸盐岩的结构也是影响碳酸盐岩岩溶发育的重要因素之一。研究表明,具有泥晶结构及粒屑结构的碳酸盐岩溶蚀性大于具有晶粒结构的碳酸盐岩,而对于具有晶粒结构的碳酸盐岩,其溶蚀性随着晶粒的增大而降低[122]。

　　根据岩芯薄片鉴定成果(表 4-3)可知,肥城煤田奥灰矿物晶体结构以泥晶结构[图 4-20(a)]、粉晶结构[图 4-20(b)]为主,细晶结构[图 4-20(c)]、粗晶结构[图 4-20(d)]和粒屑结构[图 4-20(e)]次之。

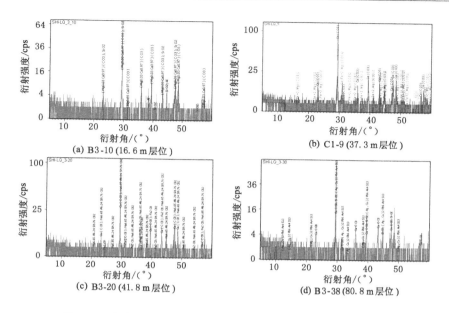

图 4-18　奥灰上部不同层位酸不溶物 X 射线衍射测试分析结果

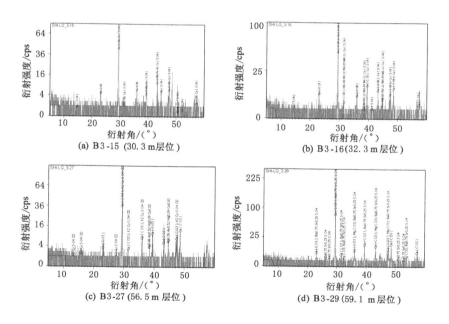

图 4-19　奥灰上部不同层位硫酸盐矿物 X 射线衍射测试分析结果

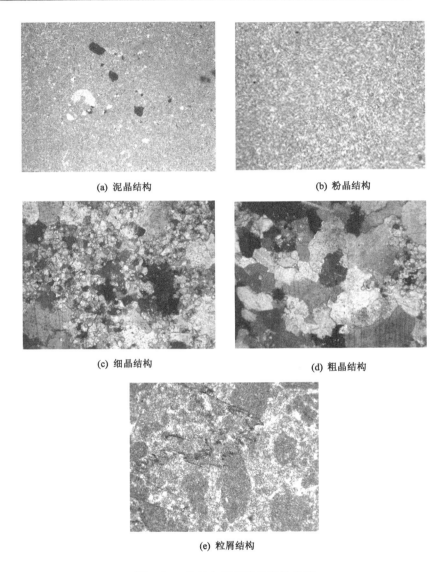

(a) 泥晶结构   (b) 粉晶结构

(c) 细晶结构   (d) 粗晶结构

(e) 粒屑结构

图 4-20　奥灰上部碳酸盐岩结构图

　　根据表 4-3 绘制了奥灰上部不同层位的碳酸盐岩结构分布图,如图 4-21 所示(注:图中 1～7 为某一类结构按照深度排序出现的顺序)。从图 4-21 及表 4-3 可以看出:在奥灰上部 0～20 m 层位,碳酸盐岩结构比较复杂,以粉晶结构为主,少量为泥晶结构和粒屑结构;在奥灰上部 20～40 m 层位,碳酸盐岩结构以粉晶结构为主,细晶结构次之;在奥灰上部 40～80 m 层位,碳酸盐岩结构以泥晶结构为主,粒屑结构次之;在奥灰上部 80～100 m 层位,碳酸盐岩结构以粗晶结构为主。从碳酸盐岩结构对岩溶发育的影响来说,在 40～80 m 层位,最有利于岩溶发育,其次为 0～40 m 层位,而 80～100 m 层位则相对较差。

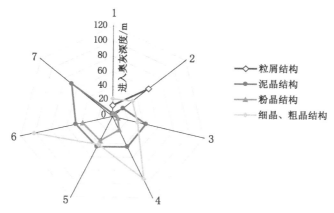

图 4-21　奥灰上部不同层位的碳酸盐岩结构分布图

4.4　奥灰上部注浆改造最佳层位分析

根据奥灰上部岩层垂向层带特征,奥灰上部注浆改造的最佳层位分析如下:

(1) I 顶部隔水带(0～5 m 层位):该层位为奥灰上部的古风化壳,岩溶裂隙被充填,为相对隔水层段,形成奥灰上部注浆改造的"压盖层"。

(2) II 裂隙网络带(5～20 m 层位):该层位裂隙发育、连通性较好,岩溶型溶孔、溶洞不发育,注浆改造时既能有利于浆液扩散,又能保证不跑浆,因此该层位是注浆改造的最佳层位。

(3) III 溶隙-溶孔网络带(20～45 m 层位):该层位不仅裂隙发育,而且岩溶也发育,注浆改造时虽然有利于浆液扩散,但有可能因为同下部岩溶主通道或主径流带连通,从而出现大量跑浆现象,因此该层位总体来说是注浆改造的适宜层位,但不是最佳层位。

(4) IV 溶孔-溶管网络带(45～90 m 层位):该层位岩溶发育,属于岩溶主通道或者主径流带发育的层位,注浆改造时很可能出现大面积跑浆现象,因此该层位不适合注浆改造。

(5) V 底部隔水带(90～150 m 层位):该层位岩溶裂隙不发育,属于隔水层带,不需要注浆改造。

5 奥灰上部注浆改造区域及厚度

奥灰上部注浆改造区域及厚度研究的目的是：在保证受奥灰突水威胁的上覆煤层安全开采的前提下，确定科学、合理的奥灰上部注浆改造的横向区域和垂向厚度，从而最大限度地减少注浆改造成本。因此，本章在对肥城煤田煤层开采受奥灰突水威胁评价、预测、分区的基础上，开展奥灰上部注浆改造区域及厚度的研究。

5.1 融合突水系数-构造信息的奥灰突水危险性评价

突水系数由于概念明确、计算简单等特点，在防治水工作中得到了广泛的应用，长期以来矿山水文地质工作者普遍采用《煤矿防治水细则》中规定的突水系数[14]作为底板突水危险性评价的重要指标，参见式(1-2)。该式适用于回采工作面。与此同时，《煤矿防治水细则》还给出了突水系数的临界值，即在构造破坏地段的突水系数临界值为 0.06 MPa/m，而在正常地质地段的突水系数临界值为 0.10 MPa/m。

我们注意到，突水系数法给出的临界值中，所说的正常地质地段与构造破坏地段的概念仅仅是定性的表述，而没有量化指标，这就容易导致对"正常地质地段"与"构造破坏地段"的判别会因人而异。因此，在遵循《煤矿防治水细则》中突水系数定义的基础上，结合构造复杂程度定量化研究，对肥城煤田奥灰突水危险性进行定量化评价。

5.1.1 奥灰突水系数分析

为了计算煤层底板奥灰突水系数，总共收集了 84 个奥灰钻孔，并按照近 5 年奥灰最高水位＋51 m，根据式(1-2)计算了 8 煤层及 10 煤层底板奥灰突水系数，并用 Surfer 软件绘制了等值线图(图 5-1 和图 5-2)。

从图 5-1 可以看出，在杨庄矿大部分区域以及曹庄矿、大封矿、陶阳矿的

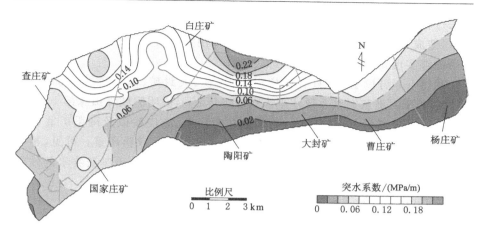

图 5-1 8 煤层底板奥灰突水系数等值线图

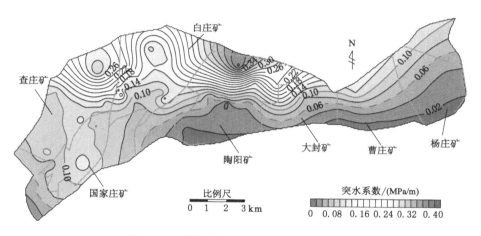

图 5-2 10 煤层底板奥灰突水系数等值线图

南部区域,奥灰突水系数小于 0.06 MPa/m,则该部分区域 8 煤层开采不受奥灰突水威胁;在杨庄矿与曹庄矿的北部、大封矿的中北部、陶阳矿的中部、白庄矿的中南部、查庄矿的南部区域以及国家庄矿的大部分区域,奥灰突水系数为 0.06~0.10 MPa/m,则该部分区域 8 煤层开采受奥灰突水威胁程度要根据构造复杂程度情况进行分析;在大封矿与陶阳矿的北部、白庄矿的西北部与东北部以及查庄矿的北部区域,奥灰突水系数均大于 0.10 MPa/m,则该部分区域 8 煤层开采受奥灰突水威胁严重,需要进一步根据构造复杂程度,综合确定需要进行奥灰上部注浆改造的关键地段。从现场实际来看,杨庄矿、陶阳矿南部区域 8 煤层已基本采完,因为该区域突水系数小于0.06 MPa/m,所以 8 煤层开采过程中未对五灰及奥灰进行注浆改造，但在开采过程中发生过大型奥灰突水，造成了巨大的经济损失。可见，仅仅采用突水系数这个指标预测工作面是否能够实现安全开采是不可靠的。

从图 5-2 可以看出，只有杨庄矿、曹庄矿、大封矿、陶阳矿的浅部区域，10 煤层开采时奥灰突水系数才小于 0.06 MPa/m，说明肥城煤田深部 10 煤层开采普遍受到奥灰突水的威胁，尤其是在白庄矿、查庄矿以及陶阳矿北部区域，奥灰突水系数普遍大于 0.10 MPa/m，受奥灰突水威胁严重。可见，越往深部奥灰突水系数越大，采用传统的薄层灰岩注浆改造防治奥灰突水的效果明显不佳。

5.1.2 井田构造复杂程度定量评价

构造复杂程度对煤层底板突水有着重要的控制作用[123]。断层的复杂程度主要体现于断层的延展规模、落差以及断层的相互切割等方面[124]，且褶皱的轴部裂隙更为发育，因此选择综合性指标——构造复杂指数作为构造复杂程度的评价指标。构造复杂指数具体定义为：

$$G = \frac{\sum\limits_{i}^{n} l_i h_{di}}{S} + I + \frac{\sum\limits_{t}^{r} L_t^2}{S} \tag{5-1}$$

式中　G——构造复杂指数；

l_i——第 i 条断层在统计单元中的走向延展长度，m；

h_{di}——第 i 条断层的落差，m；

S——统计单元的面积，m²；

n——统计单元中的断层条数；

I——统计单元中断层交点和端点的归一化值，是指统计单元中断层交点和端点值与所有统计单元中的最大值的比值；

L_t——第 t 条褶皱轴线在统计单元中的长度，m；

r——统计单元中的褶皱轴线条数。

构造复杂指数不仅包含了断层的延展规模、落差和褶皱的规模，还考虑了断层的交错成带性，能够在综合反映构造发育程度的同时，系统定量地对煤层底板突水的控制程度进行兼顾。

以构造纲要图为底图，以 500 m×500 m 为单元进行网格划分，统计各网格单元内的断层和褶皱要素，按照式(5-1)求解每一个单元内的构造复杂指数值，并用 Surfer 软件绘制构造复杂指数等值线图(图 5-3)。

从图 5-3 可以看出，肥城煤田构造复杂指数在 0～2.0 之间，变化范围较大，西部区域比东部区域构造复杂指数大，北部区域比南部区域构造复杂指数

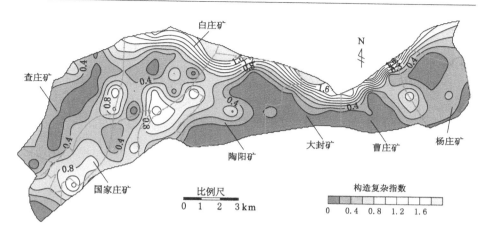

图 5-3 构造复杂指数等值线图

大,表明在矿区西部和北部区域构造复杂。

为了对构造复杂程度进行分区,统计出五灰、奥灰突水点处的构造复杂指数,绘制出频率直方图[图 5-4(a)],可以看出,有 77.8% 的突水点处的构造复杂指数大于 0.3;而在断层型突水点处构造复杂指数频率直方图[图 5-4(b)]中,有 87.1% 的突水点处的构造复杂指数大于 0.3。可见,在构造复杂指数大于 0.3 的范围内,构造是影响突水的主控因素。

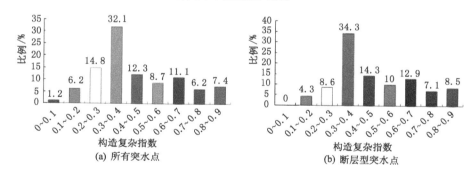

图 5-4 突水点处构造复杂指数频率直方图

因此,以构造复杂指数(G)为 0.3 作为构造分区临界值,将煤田划分为构造复杂区和简单区(图 5-5):

Ⅰ. 构造复杂区:$G \geqslant 0.3$ 的区域,主要分布于白庄矿、国家庄矿的大部分区域,查庄矿的东部、东北部及西部区域,陶阳矿的西北部区域,大封矿的北部区域,曹庄矿西北部区域,以及杨庄矿的局部区域,这些区域构造极其复杂。

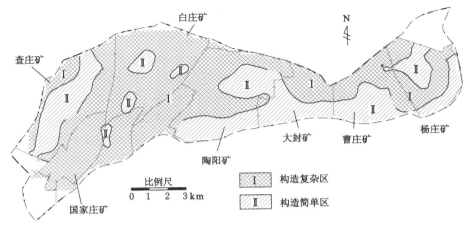

图 5-5　构造分区图

Ⅱ. 构造简单区：$G<0.3$ 的区域，主要分布于大封矿、陶阳矿、曹庄矿的南部区域，以及杨庄矿和查庄矿的部分区域。

5.1.3　奥灰突水危险性评价分区

根据突水系数（T）和构造复杂指数（G），结合肥城煤田的突水案例分析，得到了肥城煤田奥灰突水危险性的 T-G 评判体系：

$$T\text{-}G=\begin{cases}T<0.06\ \text{MPa/m}\ \text{——}\ \text{安全}\\[4pt]0.06\ \text{MPa/m}\leqslant T<0.10\ \text{MPa/m}\text{——}\begin{cases}G<0.3\text{——}\ \text{安全}\\[2pt]G\geqslant0.3\text{——}\ \text{危险}\end{cases}\\[6pt]T\geqslant0.10\ \text{MPa/m}\text{——}\ \text{危险}\end{cases}$$

$$(5\text{-}2)$$

T-G 评判体系具体为：当 $T<0.06$ MPa/m，或 0.06 MPa/m $\leqslant T<$ 0.1 MPa/m 且 $G<0.3$ 时，工作面开采受奥灰突水威胁的评判等级为安全；当 0.06 MPa/m $\leqslant T<0.10$ MPa/m 且 $G\geqslant0.3$，或 $T\geqslant0.10$ MPa/m 时，工作面开采受奥灰突水威胁的评判等级为危险。

根据 T-G 评判体系，得到了 8 煤层和 10 煤层底板奥灰突水危险性分区图（图 5-6 和图 5-7）。

从图 5-6 可以看出，8 煤层底板奥灰突水危险区主要位于煤田西北部的白庄矿、国家庄矿和查庄矿，其次是陶阳矿北部区域以及曹庄矿与杨庄矿北部的小部分区域，这些区域 8 煤层开采受奥灰突水威胁，是需要进行奥灰注浆改造的区域。从图 5-7 可以看出，10 煤层底板奥灰突水危险区的分布与 8 煤层的具有相似性，但 10 煤层开采受奥灰突水威胁的面积更大。

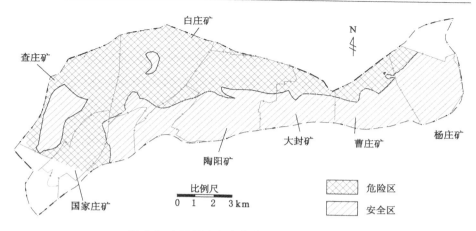

图 5-6　8 煤层底板奥灰突水危险性分区图

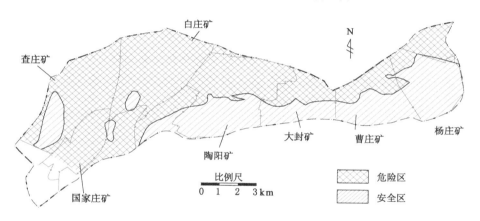

图 5-7　10 煤层底板奥灰突水危险性分区图

　　根据 *T-G* 评判体系得到的 8 煤层和 10 煤层底板奥灰突水危险区,是奥灰上部注浆改造的关键区域,为进一步研究奥灰上部注浆改造厚度奠定了基础。

5.2　基于 GRA-FDAHP-TOPSIS 的奥灰突水危险性多因素评判

　　煤层底板承压含水层突水是受多因素影响的非线性系统,而《煤矿防治水细则》中突水系数临界值的确定只考虑了隔水层厚度和水压,以及构造块段的定性分析,忽略了隔水层的阻抗水能力及开采矿压对煤层底板的破坏力等重要因素,必然导致预测结果准确度有待提高。因此,如何根据各因素的贡献率大小（权重），建立奥灰突水危险性多因素评判数学模型，一直是地学界深入探究的重要课题。

确定权重的方法有很多，比如相关分析法、熵法、回归分析法、灰色关联分析法等，其中灰色关联分析法，在样本具有模糊性，无典型分布规律时，效果较好，通过求解关联系数得到两个比较序列之间的关联度[125]。层次分析法[126-127]也是常用的确定权重的重要方法，在突水评价预测中经常用到，但由于权重赋值通过专家打分法，具有一定的主观性。因此采用灰色关联分析法（GRA）和模糊德尔菲层次分析法（FDAHP）来综合确定权重，采用多属性决策中的逼近理想解排序法（TOPSIS）建立评判模型，对奥灰突水危险性的相对大小进行评判。

5.2.1　基于 GRA-FDAHP-TOPSIS 的奥灰突水危险性评判模型

综合运用 GRA、FDAHP 与 TOPSIS，对奥灰突水危险性进行评判，具体方案如下。

（1）确定奥灰突水的主控因素。

（2）利用 GRA-FDAHP 确定各主控因素的权重。

① 利用 GRA 计算各主控因素与突水量的灰色关联系数。

首先收集奥灰突水案例，利用 GRA 计算各案例的主控因素与突水量（在一定程度上反映奥灰富水性）的灰色关联系数作为"客观"评价，每一个突水案例的灰色关联系数计算公式[128-129]如下：

$$r_t(i) = \frac{\Delta_{\min} + \xi\Delta_{\max}}{\Delta_t(i) + \xi\Delta_{\max}} \tag{5-3}$$

$$\Delta_t(i) = \left| x_t^{(1)}(i) - x_t^{(1)}(0) \right| \tag{5-4}$$

$$\Delta_{\max} = \max_i \left\{ \max_i \left| x_t^{(1)}(i) - x_t^{(1)}(0) \right| \right\} \tag{5-5}$$

$$\Delta_{\min} = \min_i \left\{ \min_i \left| x_t^{(1)}(i) - x_t^{(1)}(0) \right| \right\} \tag{5-6}$$

$$x_t^{(1)}(i) = x_t^{(0)}(i) / \left[\frac{1}{n} \sum_{t=1}^{n} x_t^{(0)}(i) \right] \tag{5-7}$$

$$x_t^{(1)}(0) = x_t^{(0)}(0) / \left[\frac{1}{n} \sum_{t=1}^{n} x_t^{(0)}(0) \right] \tag{5-8}$$

式中　i——主控因素的标号，取 $1,2,\cdots,n$；

　　　t——突水案例的标号，取 $1,2,\cdots,m$；

　　　ξ——分辨系数，处于 $0\sim1$ 之间，一般按最小信息原理，取 0.5；

　　　$x_t^{(1)}(i), x_t^{(1)}(0)$——第 t 个突水案例的第 i 个因素的标准化值与突水量的标准化值；

　　　$x_t^{(0)}(i), x_t^{(0)}(0)$——第 t 个突水案例的第 i 个因素的原始数据值与突水量的原始数据值。

由此计算得到突水案例的每个主控因素与突水量的灰色关联系数,为了与专家打分法的 1～9 级标度法取值范围一致,将关联系数乘以 9 进行转化。

然后运用专家打分法[130],征询和反馈专家意见,按照 1～9 级标度法对各主控因素与奥灰富水性重要程度进行打分,以此作为"主观"评价分值。

② 构造比较判断矩阵。

以步骤①计算得到的"客观"和"主观"评价作为每个主控因素对突水的相对重要性评价分值,由此构建两两比较判断矩阵 B[131]:

$$B = \begin{bmatrix} 1 & b_{12} & \cdots & b_{1n} \\ 1/b_{12} & 1 & \cdots & b_{2n} \\ \vdots & \vdots & & \vdots \\ 1/b_{1n} & 1/b_{2n} & \cdots & 1 \end{bmatrix} \tag{5-9}$$

式中　b_{ij}——主控因素 i 和 j 相对重要程度的判断值,为 r_i/r_j,其中 $r,j \in [1,n]$;

　　　r_i, r_j——某一专家对主控因素 i 和 j 的赋值;

　　　n——主控因素的总数。

③ 建立群体模糊判断矩阵。

FDAHP 主要解决传统层次分析法不能克服的不确定性和模糊性问题,利用三角模糊数构建群体模糊判断矩阵 A[132-133]:

$$A = a_{ij} \tag{5-10}$$

式中　a_{ij}——模糊三角数,为 $(\alpha_{ij}, \beta_{ij}, \gamma_{ij})$,且满足 $\alpha_{ij} \leqslant \beta_{ij} \leqslant \gamma_{ij}$,见下式。

$$\begin{cases} \alpha_{ij} = \min(b_{ijk}) \\ \beta_{ij} = (\prod_{k=1}^{m} b_{ijk})^{1/m} & (k = 1, \cdots, m) \\ \gamma_{ij} = \max(b_{ijk}) \end{cases} \tag{5-11}$$

式中　b_{ijk}——第 k 个专家对第 i 和第 j 个主控因素的相对重要程度的判断值;

　　　m——突水案例总数。

④ 计算群体模糊权重向量。

对于任意主控因素,通过几何平均法计算群体模糊权重向量[134]:

$$w_i = z_i \otimes (z_1 \oplus z_2 \oplus \cdots \oplus z_n)^{-1} \tag{5-12}$$

$$z_i = (a_{i1} \otimes a_{i2} \otimes \cdots \otimes a_{in})^{1/n} \tag{5-13}$$

式中　$\otimes, \oplus$——三角模糊数的乘法、加法运算法则;

　　　w_i——主控因素 i 的模糊权重向量,为 (w_i^L, w_i^M, w_i^U)。

⑤ 最终决策权重。

对于各主控因素的模糊权重向量 w_i,利用几何平均法计算相对权重,进行归一化处理后可得主控因素 i 的最终决策权重 W_i：

$$W_i = \frac{\sqrt[3]{w_i^L \, w_i^M \, w_i^U}}{\sum\limits_{i=1}^{n} \sqrt[3]{w_i^L \, w_i^M \, w_i^U}} \tag{5-14}$$

（3）建立奥灰突水的 TOPSIS 评判模型。

① 建立初始评判矩阵。

设待评判样本点为 $P = \{P_1, P_2, \cdots, P_l\}$，每个样本点指标集为 $e = \{e_1, e_2, \cdots, e_n\}$，$e_{pi}$ 表示第 p 个样本点的第 i 个主控因素，其中 $p \in [1, l], i \in [1, n]$，则初始评判矩阵 $\boldsymbol{E}$ 可表示为：

$$\boldsymbol{E} = (e_{pi})_{l \times n} = \begin{bmatrix} e_{11} & e_{12} & \cdots & e_{1n} \\ e_{21} & e_{22} & \cdots & e_{2n} \\ \vdots & \vdots & & \vdots \\ e_{l1} & e_{l2} & \cdots & e_{ln} \end{bmatrix} \tag{5-15}$$

② 计算加权标准化评判矩阵。

将初始评判矩阵进行归一化处理[135]，得到标准化评判矩阵 $\boldsymbol{C} = (c_{pi})_{l \times n}$，计算公式为：

$$c_{pi} = e_{pi} / \sqrt{\sum_{p=1}^{l} e_{pi}^2} \tag{5-16}$$

将矩阵 $\boldsymbol{C}$ 与 GRA-FDAHP 确定的各主控因素决策权重相乘，得到加权标准化评判矩阵 $\boldsymbol{V}$：

$$\boldsymbol{V} = (v_{pi})_{l \times n} = \begin{bmatrix} W_1 c_{11} & W_2 c_{12} & \cdots & W_n c_{1n} \\ W_1 c_{21} & W_2 c_{22} & \cdots & W_n c_{2n} \\ \vdots & \vdots & & \vdots \\ W_1 c_{l1} & W_2 c_{l2} & \cdots & W_n c_{ln} \end{bmatrix} \tag{5-17}$$

③ 确定奥灰突水最危险解和最安全解。

奥灰突水主控因素有极大型和极小型之分：极大型是指因素值越大，突水危险性越大；极小型因素所起的作用则恰好相反。极大型因素集 J_1 的最危险解为行向量的最大值，其最安全解为行向量的最小值；极小型因素集 J_2 的取值与之相反。因此，确定奥灰突水最危险解 V^+ 和最安全解 V^- 分别为：

$$V^+ = [(\max_{1 \leqslant p \leqslant l} v_{pi} \mid i \in J_1), (\min_{1 \leqslant p \leqslant l} v_{pi} \mid i \in J_2)] \tag{5-18}$$

$$V^- = [(\min_{1 \leqslant p \leqslant l} v_{pi} \mid i \in J_1), (\max_{1 \leqslant p \leqslant l} v_{pi} \mid i \in J_2)] \tag{5-19}$$

④ 奥灰突水评判。

首先计算第 p 个评判样本点到奥灰突水最危险解和最安全解的距离（D_p^+

和 D_p^-），算法如下：

$$D_p^+ = \sqrt{\sum_{i=1}^n (v_{pi} - v_i^+)^2} \tag{5-20}$$

$$D_p^- = \sqrt{\sum_{i=1}^n (v_{pi} - v_i^-)^2} \tag{5-21}$$

式中　　v_i^+, v_i^- —— $\boldsymbol{V}^+$ 与 $\boldsymbol{V}^-$ 相对应的元素。

然后计算评判样本点与奥灰突水最危险解的相对接近度，在此称之为奥灰突水评判值（OR）：

$$OR_p = \frac{D_p^-}{D_p^+ + D_p^-} \quad (p = 1, 2, \cdots, l) \tag{5-22}$$

式中　　OR_p —— 第 p 个评判样本点的奥灰突水评判值，$0 \leqslant OR_p \leqslant 1$。

突水评判值 OR 反映了评判样本点贴近突水最危险解的程度，其值越接近于 1，说明评判样本点的突水危险性相对越强。

⑤ 绘制奥灰突水评判值等值线图，确定奥灰突水危险性分区。

5.2.2　评判模型的建立

5.2.2.1　主控因素及建模数据

根据矿区水文、地质资料及突水规律的总结，主要考虑含水层、隔水层、地质构造、采动因素 4 个方面，综合考虑选取奥灰水水压（F_1）、隔水层厚度（F_2）、构造复杂指数（F_3）、脆性岩比率（F_4）、煤层底板破坏深度（F_5）5 个因素作为煤层底板奥灰突水预测的主控因素。由于 8 煤层顶板为四灰含水层，根据理论公式[17]计算的底板破坏深度与实际值相差较大，文献[117]对该区域煤层底板破坏深度做了详细的研究，并根据实测资料拟合了煤层底板破坏深度计算公式[式（5-23）]，因此以此公式对煤层底板破坏深度进行计算。

$$h = 0.042\,H - 0.1225\,\theta - 5.026\,f_1 + 1.467\,f_2 - 2.015\,m + 0.1236\,L - 0.086 \tag{5-23}$$

式中　　h —— 煤层底板破坏深度，m；

　　　　H —— 开采深度，m；

　　　　θ —— 煤层倾角，（°）；

　　　　f_1 —— 煤层底板抗破坏指数；

　　　　f_2 —— 顶板岩性指数；

　　　　m —— 煤层开采高度，m；

　　　　L —— 开采工作面斜长，m。

以 8 煤层奥灰突水危险性评价为例，总共收集了 48 个钻孔处的原始数据资料，并利用 Surfer 软件绘制了主控因素专题图（图 5-8），其中奥灰水水压等

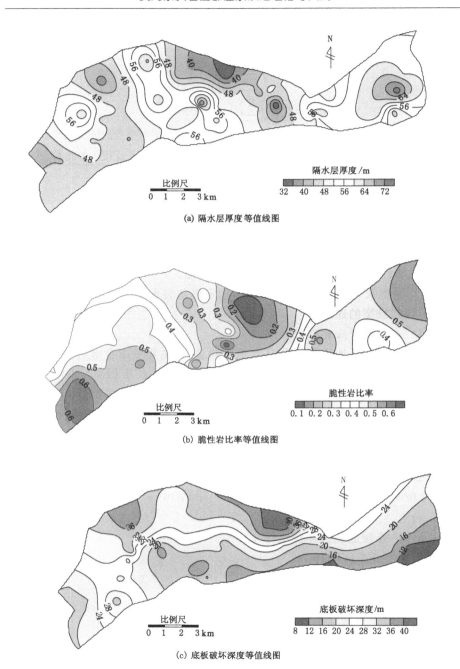

(a) 隔水层厚度等值线图

(b) 脆性岩比率等值线图

(c) 底板破坏深度等值线图

图 5-8　主控因素专题图

值线图见图 3-18,构造复杂指数等值线图见图 5-3。

5.2.2.2　主控因素决策权重

由于突水评判模型的建立是为奥灰上部注浆改造深度做指导,因此在评价过程中选择五灰注浆改造之后的奥灰突水案例,总共收集了 4 个奥灰突水案例(表 5-1)。根据式(5-3)计算每个突水案例的各主控因素与奥灰突水量的关联系数,并运用德尔菲专家调查法,征集和咨询各领域现场专家及科研研究者的意见,按照 1~9 级标度法,对各主控因素所起作用的大小进行相对重要性评价,给出各主控因素的量化分值作为综合分析的基础,见表 5-2。

表 5-1　奥灰突水案例表

突水位置	F_1/MPa	F_2/m	F_3	F_4	F_5/m	突水量/(m³/h)
曹庄矿 81004 工作面	4.5	61.8	0.49	0.46	24	495
国家庄矿 8101 工作面	3.0	46.0	0.50	0.15	25	1 500
平阴矿 8702 工作面	2.4	49.0	0.79	0.47	19	600
平阴矿 8704 工作面	2.5	53.0	1.00	0.44	17	1 250

表 5-2　各主控因素对奥灰富水性的影响程度打分表

	专家 1 (P_1)	专家 2 (P_2)	专家 3 (P_3)	专家 4 (P_4)	突水 1 (P_5)	突水 2 (P_6)	突水 3 (P_7)	突水 4 (P_8)
F_1	7	6	4	3	4	6	8	5
F_2	7	3	6	5	5	6	4	4
F_3	8	5	6	4	9	9	5	5
F_4	5	5	3	3	6	9	9	9
F_5	6	5	6	5	4	6	8	5

根据表 5-2 给出的相对重要性赋值,按照式(5-9)可以建立 8 个 5×5 的两两比较判断矩阵 **B**,部分如下:

$$\boldsymbol{B}_{P_1} = \begin{pmatrix} 1.000 & 1.000 & 0.875 & 1.400 & 1.167 \\ 1.000 & 1.000 & 0.875 & 1.400 & 1.167 \\ 1.143 & 1.143 & 1.000 & 1.600 & 1.333 \\ 0.714 & 0.714 & 0.625 & 1.000 & 0.833 \\ 0.857 & 0.857 & 0.750 & 1.200 & 1.000 \end{pmatrix},$$

$$\boldsymbol{B}_{P_2} = \begin{pmatrix} 1.000 & 2.000 & 1.200 & 1.200 & 1.200 \\ 0.833 & 1.667 & 1.000 & 1.000 & 1.000 \\ 0.833 & 1.667 & 1.000 & 1.000 & 1.000 \\ 0.833 & 1.667 & 1.000 & 1.000 & 1.000 \\ 0.857 & 0.857 & 0.750 & 1.200 & 1.000 \end{pmatrix},$$

$$\boldsymbol{B}_{P_3} = \begin{pmatrix} 1.000 & 0.667 & 0.667 & 1.333 & 0.667 \\ 1.500 & 1.000 & 1.000 & 2.000 & 1.000 \\ 0.750 & 0.500 & 0.500 & 1.000 & 0.500 \\ 0.714 & 0.714 & 0.625 & 1.000 & 0.833 \\ 1.500 & 1.000 & 1.000 & 2.000 & 1.000 \end{pmatrix},$$

$$\boldsymbol{B}_{P_4} = \begin{pmatrix} 1.000 & 0.600 & 0.750 & 1.000 & 0.600 \\ 1.667 & 1.000 & 1.250 & 1.667 & 1.000 \\ 1.333 & 0.800 & 1.000 & 1.333 & 0.800 \\ 1.000 & 0.600 & 0.750 & 1.000 & 0.600 \\ 1.667 & 1.000 & 1.250 & 1.667 & 1.000 \end{pmatrix}$$

然后利用三角模糊数对两两判断矩阵进行模糊化,可求得群体模糊判断矩阵:

$$\boldsymbol{A} = \begin{pmatrix} (1,1,1) & (0.600,1.061,2.000) & (0.444,0.840,1.600) & (0.556,0.915,1.400) & (0.600,0.930,1.200) \\ (0.500,0.943,2.000) & (1,1,1) & (0.556,0.792,1.250) & (0.444,0.863,2.000) & (0.600,0.877,1.250) \\ (0.625,1.190,2.250) & (0.800,1.262,1.800) & (1,1,1) & (0.556,1.089,2.000) & (0.625,1.107,2.250) \\ (0.714,1.093,1.800) & (0.500,1.159,2.250) & (0.500,0.918,1.800) & (1,1,1) & (0.500,1.016,1.800) \\ (0.833,1.075,1.667) & (0.800,1.140,2.000) & (0.444,0.904,1.600) & (0.556,0.984,2.000) & (1,1,1) \end{pmatrix}$$

根据式(5-12)和式(5-13)求得群体模糊权重向量:

$$\boldsymbol{w}_1 = (0.078, 0.198, 0.440),$$
$$\boldsymbol{w}_2 = (0.084, 0.220, 0.534),$$
$$\boldsymbol{w}_3 = (0.079, 0.202, 0.518),$$
$$\boldsymbol{w}_4 = (0.079, 0.221, 0.541),$$
$$\boldsymbol{w}_5 = (0.088, 0.183, 0.498)$$

最终根据式(5-14)求得各主控因素的决策权重,即奥灰水水压、隔水层厚度、构造复杂指数、脆性岩比率和煤层底板破坏深度的权重分别为 0.186、0.211、0.199、0.208、0.196。

5.2.2.3 评判模型及评判结果

根据收集的 48 个钻孔和 4 个突水点(待评判样本点)的 5 个主控因素构成初始评判矩阵,并运用式(5-16)对初始评判矩阵进行归一化处理得到标准化评判矩阵,然后与 GRA-FDAHP 确定的各主控因素决策权重相乘,即可求得加权标准化评判矩阵 V,见表 5-3。

表 5-3 加权标准化评判矩阵及奥灰突水评判值

编号	加权标准化评判矩阵					奥灰突水评判值	备注
	F_1	F_2	F_3	F_4	F_5		
1	0.018	0.025	0.003	0.031	0.028	0.260	
2	0.026	0.031	0.054	0.028	0.030	0.597	
3	0.006	0.025	0.007	0.038	0.025	0.205	已安全开采
4	0.031	0.025	0.061	0.033	0.032	0.642	
5	0.010	0.030	0.012	0.040	0.025	0.203	已安全开采
6	0.009	0.032	0.037	0.025	0.025	0.422	
7	0.013	0.031	0.012	0.036	0.026	0.222	已安全开采
8	0.034	0.031	0.011	0.030	0.033	0.370	
9	0.041	0.027	0.003	0.031	0.035	0.385	已安全开采
10	0.054	0.016	0.054	0.010	0.039	0.918	
11	0.010	0.031	0.034	0.007	0.026	0.484	
12	0.016	0.025	0.034	0.027	0.028	0.438	
13	0.019	0.036	0.041	0.021	0.028	0.499	
14	0.017	0.024	0.043	0.017	0.028	0.539	
15	0.023	0.024	0.041	0.035	0.030	0.491	
16	0.020	0.023	0.030	0.031	0.029	0.424	
17	0.011	0.037	0.018	0.037	0.025	0.234	已安全开采
18	0.004	0.023	0.024	0.030	0.024	0.329	已安全开采
19	0.013	0.029	0.024	0.042	0.026	0.283	已安全开采
20	0.023	0.026	0.020	0.033	0.030	0.350	
21	0.025	0.024	0.061	0.032	0.030	0.618	
22	0.030	0.024	0.020	0.032	0.032	0.399	已安全开采
23	0.015	0.022	0.044	0.039	0.027	0.463	
24	0.016	0.023	0.041	0.019	0.028	0.522	
25	0.020	0.023	0.015	0.038	0.029	0.286	

表 5-3（续）

编号	加权标准化评判矩阵					奥灰突水评判值	备注
	F_1	F_2	F_3	F_4	F_5		
26	0.015	0.022	0.054	0.045	0.027	0.496	
27	0.014	0.021	0.027	0.028	0.027	0.392	
28	0.021	0.025	0.019	0.037	0.030	0.314	
29	0.028	0.024	0.061	0.036	0.031	0.617	
30	0.045	0.024	0.003	0.007	0.036	0.494	
31	0.020	0.024	0.017	0.012	0.030	0.427	已安全开采
32	0.015	0.016	0.007	0.016	0.027	0.368	
33	0.044	0.021	0.007	0.012	0.036	0.495	
34	0.044	0.025	0.020	0.014	0.036	0.560	
35	0.005	0.027	0.014	0.028	0.024	0.270	已安全开采
36	0.006	0.030	0.007	0.014	0.024	0.321	已安全开采
37	0.006	0.027	0.007	0.028	0.024	0.246	已安全开采
38	0.006	0.024	0.027	0.026	0.025	0.361	
39	0.037	0.027	0.027	0.022	0.034	0.530	
40	0.032	0.023	0.047	0.035	0.032	0.586	
41	0.034	0.024	0.027	0.035	0.033	0.463	
42	0.038	0.032	0.034	0.021	0.034	0.578	
43	0.036	0.025	0.054	0.024	0.033	0.697	
44	0.038	0.021	0.027	0.014	0.034	0.587	
45	0.046	0.020	0.014	0.028	0.037	0.486	
46	0.051	0.019	0.010	0.028	0.038	0.492	
47	0.018	0.024	0.034	0.045	0.028	0.382	
48	0.023	0.024	0.041	0.035	0.030	0.489	
49	0.030	0.031	0.038	0.025	0.057	0.536	突水
50	0.020	0.023	0.034	0.010	0.060	0.533	突水
51	0.016	0.024	0.053	0.033	0.045	0.533	突水
52	0.017	0.026	0.067	0.031	0.041	0.597	突水

对于奥灰水水压、构造复杂指数和煤层底板破坏深度 3 个主控因素，其值越大，突水的危险性越高，则这 3 个因素为极大型因素；隔水层厚度和脆性岩比率则正好相反，为极小型因素。因此，可确定奥灰突水最危险解 V^+ 和最安全解 V^-：

$$V^+ = (0.054, 0.016, 0.061, 0.007, 0.039),$$
$$V^- = (0.004, 0.037, 0.003, 0.045, 0.024)$$

根据式(5-20)～式(5-22)计算各个待评判样本点到奥灰突水最危险解和最安全解的距离（D^+ 和 D^-），最终求得奥灰突水评判值（OR），见表 5-3。

从表 5-3 可以看出，4 个五灰注浆改造之后发生奥灰突水区域的奥灰突水评判值均大于或等于 0.533，而已安全开采区域的奥灰突水评判值均小于或等于 0.427，说明所建的评判模型比较符合矿区的客观实际，据此以 0.427、0.533 对矿区 8 煤层底板奥灰突水危险性进行评判分区（图 5-9）。

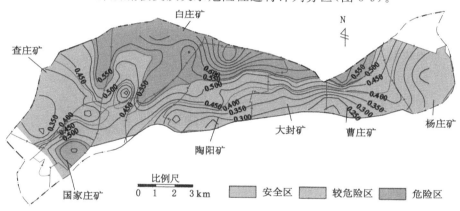

图 5-9 8 煤层底板奥灰突水危险性评判分区图

（1）危险区：$OR \geqslant 0.533$ 的区域，主要分布于矿区深部，主要是白庄矿、陶阳矿、大封矿和曹庄矿的北部以及查庄矿的东北部区域，由于越往深部开采，奥灰水水压、煤层底板破坏深度越大，部分区域脆性岩比率较小，隔水层抗压能力小，使 8 煤层开采严重受奥灰突水威胁；其次是国家庄矿的东南部区域，由于断裂构造发育，隔水层厚度相对较小，8 煤层开采受奥灰突水威胁。该区域是奥灰上部注浆改造的关键区域。

（2）较危险区：$0.427 < OR < 0.533$ 的区域，主要位于查庄矿、白庄矿、陶阳矿、大封矿、曹庄矿的中部以及杨庄矿的北部区域，该区域的奥灰突水威胁相对危险区较小，但由于多因素的综合作用，局部地区可能具有突水威胁，在开采过程中，需进行重点探查，确定是否需要实施奥灰上部注浆改造工程。

（3）安全区：$OR \leq 0.427$ 的区域，主要位于杨庄矿、曹庄矿、大封矿、陶阳矿和查庄矿等的浅部区域，其奥灰水水压较小，煤层底板破坏深度小，构造简单，奥灰突水威胁性小。

5.3　奥灰上部注浆改造区域及厚度的确定

通过对煤层底板奥灰突水危险性评判分区之后，可根据分区结果对奥灰上部注浆改造区域及厚度进行计算，为奥灰上部注浆改造工程的实施提供理论依据。

5.3.1　基于 T-G 评判体系的注浆改造区域及厚度

5.3.1.1　奥灰上部注浆改造区域划分

根据前面建立的 T-G 评判体系对 8 煤层底板奥灰突水危险性进行了分区，根据分区结果，按工程量分布范围和大小，奥灰上部注浆改造区域可分为三类：Ⅰ类奥灰上部局部探查和注浆改造区，Ⅱ类奥灰上部局部重点注浆改造区，Ⅲ类奥灰上部完全注浆改造区（图 5-10）。

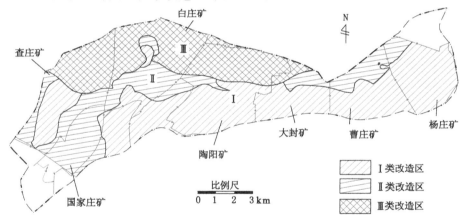

图 5-10　奥灰上部注浆改造区域分区图（T-G 评判体系）

（1）Ⅰ类奥灰上部局部探查和注浆改造区

该区是指 T-G 评判体系分区中的安全区，以五灰注浆改造为主，只对构造薄弱带、五灰局部富水异常带（多个钻孔单孔涌水量超过 100 m³/h，或物探探查富水性异常区）施工奥灰上部水文地质条件探查孔，并对构造薄弱带进行局部注浆改造。

（2）Ⅱ类奥灰上部局部重点注浆改造区

该区是指 $T\text{-}G$ 评判体系分区中 $0.06\ \text{MPa/m} \leqslant T < 0.10\ \text{MPa/m}$ 的危险区,实施查治并举,五灰、奥灰上部注浆改造同时进行,每个硐室既有五灰孔,又有奥灰孔。注浆改造前首先对工作面进行水文地质条件物探探查,并根据物探及水文地质资料设计布孔方案,分阶段施工;第一阶段每个硐室设计五灰孔和奥灰孔各一个,对于物探及水文地质资料分析奥灰上部为富水区的,可适当增加钻孔;第二阶段钻孔须根据第一阶段钻探查出的构造薄弱带、富水区布置,以此类推。

（3）Ⅲ类奥灰上部完全注浆改造区

该区是指 $T\text{-}G$ 评判体系分区中 $T \geqslant 0.1\ \text{MPa/m}$ 的危险区,实施全面注浆改造,严格按浆液扩散半径布孔,每个硐室以多奥灰孔（3 孔以上）为主,钻孔分序次施工,对物探或前序次钻探查明的构造复杂富水块段,要加密布孔。注浆改造结束后再进行一次矿井物探,根据注浆改造前后物探对照资料及钻探资料,在薄弱区布置检查孔,直至奥灰检查孔的涌水量小于 $30\ \text{m}^3/\text{h}$。

5.3.1.2　奥灰上部注浆改造厚度

设注浆改造前和注浆改造后的奥灰水头压强分别为 p_1、p_2,则:

$$p_1 = \frac{H + h + M}{100} \tag{5-24}$$

$$p_2 = \frac{H + h + M + M_{改}}{100} \tag{5-25}$$

式中　H——工作面开采标高,m;

h——奥灰的水位标高,m;

M——8 煤层与奥灰间的隔水层厚度,m;

$M_{改}$——奥灰上部注浆改造厚度,m。

则注浆改造前突水系数和改造后临界突水系数为:

$$T_1 = \frac{p_1}{M} = \frac{H + h + M}{100M} \tag{5-26}$$

$$T_2 = \frac{p_2}{M + M_{改}} = \frac{H + h + M + M_{改}}{100(M + M_{改})} \tag{5-27}$$

整理后,即可求得注浆改造厚度:

$$M_{改} = \frac{100M(T_1 - T_2)}{100T_2 - 1} \tag{5-28}$$

式中　T_1——注浆改造前突水系数,MPa/m。

T_2——注浆改造后临界突水系数,MPa/m,在构造简单区（$G < 0.3$）取 $0.10\ \text{MPa/m}$,在构造复杂区（$G \geqslant 0.3$）取 $0.06\ \text{MPa/m}$。

利用 $T\text{-}G$ 评判体系确定奥灰上部注浆改造厚度时,考虑到奥灰上部富水性及注浆效果,根据式(5-28)计算得到的注浆改造厚度作为奥灰上部注浆改造最小厚度,为保证安全,还需根据工作面实际情况在注浆改造最小厚度的基础上适当增大注浆改造厚度。

5.3.2　基于多因素评判模型的注浆改造区域及厚度

5.3.2.1　奥灰上部注浆改造区域划分

根据多因素评判模型,对 8 煤层底板奥灰突水危险性进行了分区,根据分区结果,奥灰上部注浆改造区域可分为三类:Ⅰ类奥灰上部局部探查和注浆改造区,Ⅱ类奥灰上部局部重点注浆改造区,Ⅲ类奥灰上部完全注浆改造区(图5-11)。

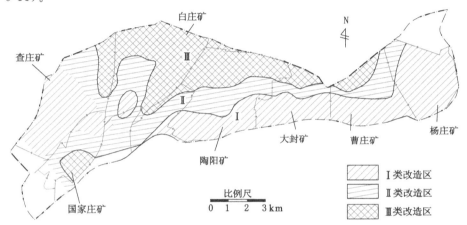

图 5-11　8 煤层注浆改造区域分区图(多因素评判模型)

(1) Ⅰ类奥灰上部局部探查和注浆改造区

该区是指多因素评判模型分区中 $OR \leqslant 0.427$ 的安全区。该区虽然划分为安全区,但是评价时采用的是有限钻孔及工作面揭露的数据,有可能存在实际开采过程中揭露隔水层厚度变化较大或者存在隐伏构造等问题,因此应结合 T-G 评判体系综合确定,对于 T-G 评判体系评价危险的地段,应实施局部探查,确定注浆改造方案。

(2) Ⅱ类奥灰上部局部重点注浆改造区

该区是指多因素评判模型分区中 $0.427 < OR < 0.533$ 的较危险区。该区内有奥灰突水危险,介于危险区与安全区之间,实施查治并举,特别是对构造薄弱带、隔水层薄弱带和奥灰上部富水性进行探查,注浆改造前首先对工作面进行水文地质条件物探,并根据物探及水文地质资料设计布孔方案,特别是 T-G 评判体系同样评判为危险区的区域。

（3）Ⅲ类奥灰上部完全注浆改造区

该区是指多因素评判模型分区中 $OR \geqslant 0.533$ 的危险区,实施全面注浆改造。

5.3.2.2   奥灰上部注浆改造厚度

奥灰上部注浆改造后,一方面增加了隔水层厚度,另一方面增加了隔水层脆性岩比率,使煤层底板隔水层隔水性能增强,而采用多因素评判模型计算注浆改造厚度会增加计算的复杂性,因此,不再利用该方法计算注浆改造厚度。

6 奥灰上部裂隙岩体注浆扩散机制

6.1 黏土水泥浆液基本性能

注浆材料是注浆改造工程中的重要组成部分,注浆质量的优劣很大程度上依赖于注浆浆液的性能[136-137],包括浆液的稳定性、黏度、塑性强度和抗压强度等[138]。目前,肥城矿区大面积注浆改造岩溶裂隙含水层主要采用的是黏土水泥浆液[90],下面对它的基本性能进行分析。

(1)黏度

浆液的黏度是反映浆液流变性的重要指标,根据美国土木工程师学会灌浆委员会定义,黏度为流体的内部强度,使流体能抵抗流动[139]。利用漏斗式黏度计测量得到的不同黏土水泥浆液的密度与黏度的关系曲线如图 6-1 所示(注:图中黏度用时间计量),可以看出:浆液的密度对黏度的影响较大,随着密度的增大,浆液的黏度增大;同一密度的浆液,不同水泥用量,对黏度也是有影响的,但相对影响较小。也就是说,浆液的密度越小,其黏度越小,流动性就越好,利于浆液在地层中的扩散,注浆改造常用浆液的密度为 1.10～1.30 g/cm³。另外,水玻璃等添加剂对浆液黏度的影响也较大,能够使浆液黏度具有可调性,可根据裂隙发育程度及扩散半径的需求进行调节。

(2)析水率

浆液的析水率是指停止搅拌浆液时,浆液在重力作用下产生沉淀,析出水的比例。浆液的析水率影响浆液的黏度以及流动规律,是影响注浆质量的不利因素。浆液的析水率过大时,随着浆液中固体颗粒的沉降,浆液的黏度增大,其流动速度减慢,且沉降的固体颗粒容易堵塞裂隙,阻止浆液向前扩散,降低扩散半径。表 6-1 显示了不同配比下黏土水泥浆液的析水率,可以看出:黏土水泥浆液的析水率均小于 4.0%,随着浆液密度的增大,析水率减小,而水泥用量的增加,析水率的变化不是很明显。从析水率来看,黏土水泥浆液的稳

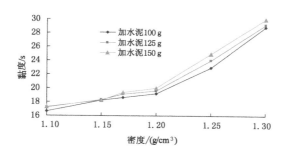

图 6-1　不同黏土水泥浆液的密度与黏度的关系曲线

定性较好,一是由于加入了添加剂,二是由于黏土中蒙脱石含量较多,约占22.1%,且黏土颗粒粒径小于 5 μm 的颗粒含量约占 44.9%。

表 6-1　不同配比下黏土水泥浆液的析水率

浆液密度 /(g/cm³)	析水率/%					
	1 000 mL 浆液中加入添加剂 20 mL			1 000 mL 浆液中加入添加剂 25 mL		
	水泥 100 g	水泥 125 g	水泥 150 g	水泥 100 g	水泥 125 g	水泥 150 g
1.10	4.0	3.0	4.0	4.0	3.5	—
1.15	4.0	3.0	3.0	3.0	3.0	1.5
1.17	2.0	2.0	2.0	2.5	2.5	1.5
1.20	2.0	2.0	2.0	2.5	—	1.0
1.25	1.0	1.0	1.0	1.0	1.5	—
1.30	1.0	—	0.5	1.0	—	—

（3）结石率

黏土水泥浆液（浆液密度为 1.10~1.30 g/cm³,加入 100~150 kg 水泥及 7~14 L 添加剂）在自然状态下,结石率可达 90%。

（4）塑性强度

浆液进入塑性状态的标志是具有塑性强度,具体利用圆锥形塑性强度计进行测量。图 6-2 为不同密度黏土水泥浆液的塑性强度随养护时间的变化曲线,可以看出:浆液塑性强度随密度的增大而增大,随养护时间的延长而增大;养护时间在 0~10 h 内塑性强度变化较小,10 h 之后塑性强度迅速增大,在 60 h 之后,塑性强度增长缓慢。

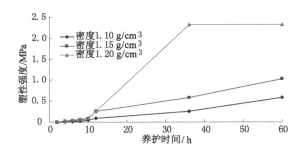

图 6-2　不同密度黏土水泥浆液的塑性强度随养护时间的变化曲线

6.2　裂隙岩体注浆理论模型

　　浆液在奥灰上部岩层裂隙中的有效扩散范围,对于注浆方案的设计、注浆加固效果及工程造价具有重要的影响,是注浆过程控制的重要参数,有必要进行理论研究。奥灰上部注浆改造使用的黏土水泥浆液属于 Bingham 流体,本节基于 Bingham 流体本构方程及单一平板裂隙扩散模型,推导奥灰上部注浆扩散控制方程,分析注浆压力与地下水压力差、注浆速率、裂隙隙宽及浆液黏度对浆液扩散距离的影响规律。

6.2.1　Bingham 流体本构方程

　　浆液在外力作用下的流动性可以通过其流变性来反映。按照浆液的流变性,浆液主要可分为以下几类[140-141]:黏性流体、黏塑性流体、塑性流体及黏时变流体(表 6-2),前三者是与时间无关的流体类型,而黏时变流体则与时间有关。与时间无关的流体的流变曲线如图 6-3 所示。现行的大多数浆液属于牛顿流体与 Bingham 流体,其中奥灰上部注浆改造所用黏土水泥浆液的流变行为符合 Bingham 流体的流变规律,属于塑性流体中的 Bingham 流体。

　　Bingham 流体的流变曲线是一条直线,但是它的起点不在原点,也就是说,当流体受到外部施加的剪切应力很小时,浆液只会产生类似于固体的弹性,只有当剪切应力达到浆液材料颗粒结构内的吸引力大小后,浆液才会产生类似于牛顿流体的流动,但同等条件下,Bingham 流体比牛顿流体的流动阻力大,要达到相同的扩散范围需要较大的注浆压力。Bingham 流体本构方程[142]如下:

$$\begin{cases} \tau = \tau_0 + \eta\gamma & (\tau > \tau_0) \\ \gamma = 0 & (\tau \leqslant \tau_0) \end{cases} \tag{6-1}$$

式中　τ——浆液剪切应力；

　　　τ_0——浆液屈服剪切应力；

　　　η——浆液塑性黏度；

　　　γ——浆液剪切速率。

表 6-2　浆液流变性分类

黏性流体	牛顿流体		非牛顿流体	与时间无关的流体
	假塑性流体			
	膨胀流体			
塑性流体	黏塑性流体	非 Bingham 流体		
	带屈服值假塑性流体			
	带屈服值膨胀流体			
	Bingham 流体			
黏时变流体	触变流体			与时间有关的流体
	振凝流体			

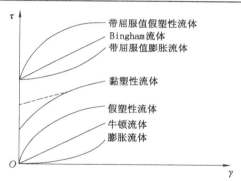

图 6-3　与时间无关的流体的流变曲线

6.2.2　单一平板裂隙扩散模型假设条件

要想定量地研究流体在形态复杂而又难以确定的通道内的流动规律是比较困难的,在对奥灰上部进行注浆改造时,当浆液注满注浆孔后,浆液会进入与注浆孔相连的裂隙中,继而沿着裂隙进行扩散。与注浆孔相连的每条裂隙,以及与这些裂隙相连通的裂隙都可能是浆液渗透扩散的通道,而每条裂隙的渗流运动规律应该是具有相似性的。因此,研究奥灰上部浆液的渗透扩散规律可以简化为浆液在单一平板裂隙内的流动扩散。

单一平板裂隙扩散模型基本假设条件如下：

① 浆液、水均不可压缩,为均质且各向同性的流体;

② 浆液较稳定,不考虑浆液在流动过程中的沉淀析水;

③ 注浆所用黏土水泥浆在注浆过程中流型保持不变;

④ 除注浆孔附近的局部地段,浆液在裂隙中的流动为层流;

⑤ 裂隙壁面对浆液内固体颗粒无吸附效应,裂隙开度不会因吸附、沉淀及其他原因减小;

⑥ 裂隙壁面不透水,即在各个裂隙断面上,流体的运动满足运动的连续性方程;

⑦ 浆液的扩散方式为完全驱替式,即不考虑浆液和水界面处存在水对浆液的稀释作用。

在静水裂隙注浆过程中,浆液的扩散形态为轴对称扩散,因此取一垂直于裂隙面的平面进行研究,即以 xOz 面为研究对象,x 轴为浆液的流动方向,z 轴为裂隙隙宽的方向,裂隙隙宽为 b,流核半径为 h,建立如图 6-4 所示的浆液在单一平板裂隙中的扩散模型。

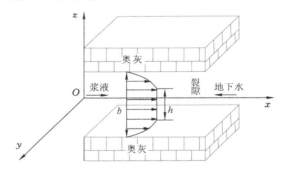

图 6-4　浆液在单一平板裂隙中的扩散模型

6.2.3　浆液扩散运动方程

要研究浆液在裂隙中的扩散规律,据假设条件,浆液为不可压缩层流运动,采用 Navier-Stokes 方程作为浆液扩散的运动方程。Navier-Stokes 方程是建立在动量守恒基础上的,其表达式为[143-146]:

$$\begin{cases} \rho \dfrac{\partial v_x}{\partial t} = \rho g_x - \dfrac{\partial p}{\partial x} + \eta \left(\dfrac{\partial^2 v_x}{\partial x^2} + \dfrac{\partial^2 v_x}{\partial y^2} + \dfrac{\partial^2 v_x}{\partial z^2} \right) \\[2mm] \rho \dfrac{\partial v_y}{\partial t} = \rho g_y - \dfrac{\partial p}{\partial y} + \eta \left(\dfrac{\partial^2 v_y}{\partial x^2} + \dfrac{\partial^2 v_y}{\partial y^2} + \dfrac{\partial^2 v_y}{\partial z^2} \right) \\[2mm] \rho \dfrac{\partial v_z}{\partial t} = \rho g_z - \dfrac{\partial p}{\partial z} + \eta \left(\dfrac{\partial^2 v_z}{\partial x^2} + \dfrac{\partial^2 v_z}{\partial y^2} + \dfrac{\partial^2 v_z}{\partial z^2} \right) \end{cases} \tag{6-2}$$

式中 $\dfrac{\partial v_i}{\partial t}(i=x,y,z)$ ——浆液运动加速度在各坐标轴方向上的分量;

$\quad\quad v_i(i=x,y,z)$ ——浆液运动速度在各坐标轴方向上的分量;

$\quad\quad g_i(i=x,y,z)$ ——浆液质量力在各坐标轴方向上的分量;

$\quad\quad \rho$ ——浆液密度;

$\quad\quad \eta$ ——浆液塑性黏度;

$\quad\quad p$ ——注浆压力。

根据假设条件,浆液运动满足运动的连续性方程,其表达式为:

$$\frac{\partial v_x}{\partial x}+\frac{\partial v_y}{\partial y}+\frac{\partial v_z}{\partial z}=0 \tag{6-3}$$

另外,浆液沿 x 轴水平运动,则有 $g_x=g_y=0,g_z=-g,v_y=v_z=0,v_x=v$,其中 g 为重力加速度;浆液是定常层流运动,则有 $\dfrac{\partial v_x}{\partial t}=\dfrac{\partial v_y}{\partial t}=\dfrac{\partial v_z}{\partial t}=0$。因此,式(6-2)简化后为:

$$\begin{cases}\dfrac{\partial p}{\partial x}=\eta\left(\dfrac{\partial^2 v_x}{\partial x^2}+\dfrac{\partial^2 v_x}{\partial z^2}\right)\\[2mm] -\rho g=\dfrac{\partial p}{\partial z}\end{cases} \tag{6-4}$$

由式(6-3)可得:

$$\frac{\partial v_x}{\partial x}=0 \tag{6-5}$$

将式(6-5)代入式(6-4)可得:

$$\frac{\partial p}{\partial x}=\eta\frac{\partial^2 v_x}{\partial z^2} \tag{6-6}$$

当 $\tau\leqslant\tau_0$ 时,Bingham 浆液在平板裂隙中流动时,两邻层流体间处于相对静止,存在流核区[147]。根据 Bingham 连续方程及运动方程,剪切应力分布为:

$$\tau=z\frac{\partial p}{\partial x} \tag{6-7}$$

将 $\tau\leqslant\tau_0$ 代入式(6-7),可得流核区的范围:

$$|z|\leqslant\left|\frac{h}{2}\right|=\tau_0\left(\frac{\partial p}{\partial x}\right)^{-1} \tag{6-8}$$

式中 $h/2$ ——流核区高度。

浆液整体呈活塞式向前流动,速度均匀,设为 $v_{\max}$,从流核到裂隙边缘的剪切区,速度逐渐减小,在裂隙壁面处速度为 0,即:$-h/2\leqslant z\leqslant h/2$ 时,速度是与 z 无关的,为 $v_{\max}$;在 $-b/2\leqslant z\leqslant -h/2$ 与 $h/2\leqslant z\leqslant b/2$ 时,速度是 z 的分布函数,且两个区间速度是对称分布的。由此,取裂隙截面的一半为研究对象,即以 $0 \leqslant z \leqslant b/2$ 作为研究对象。

当 $h/2 \leqslant z \leqslant b/2$ 时,即在剪切区内,根据边界条件有:

$$\begin{cases} \left. \dfrac{\partial v_x}{\partial z} \right|_{z=h/2} = 0 \\ \left. v_x \right|_{z=b/2} = 0 \end{cases} \tag{6-9}$$

对式(6-6)二次积分,并将边界条件式(6-9)代入,可求得在剪切区内的速度分布:

$$v(z) = \frac{1}{\eta} \frac{\partial p}{\partial x} \left(\frac{1}{2} z^2 - \frac{h}{2} z - \frac{b^2}{8} + \frac{bh}{4} \right), \left(\frac{h}{2} \leqslant z \leqslant \frac{b}{2} \right) \tag{6-10}$$

当 $0 \leqslant z \leqslant h/2$ 时,即在流核区内,根据边界条件有:

$$\left. v_x \right|_{z=h/2} = v_{\max} \tag{6-11}$$

将边界条件式(6-11)代入式(6-10),可得流核区的速度:

$$v_{\max} = \frac{1}{\eta} \frac{\partial p}{\partial x} \left(-\frac{1}{8} h^2 - \frac{b^2}{8} + \frac{bh}{4} \right), \left(0 \leqslant z \leqslant \frac{h}{2} \right) \tag{6-12}$$

由此,得到浆液在裂隙截面的速度分布:

$$v = \begin{cases} \dfrac{1}{\eta} \dfrac{\partial p}{\partial x} \left(-\dfrac{1}{8} h^2 - \dfrac{b^2}{8} + \dfrac{bh}{4} \right), \left(|z| \leqslant \dfrac{h}{2} \right) \\ \dfrac{1}{\eta} \dfrac{\partial p}{\partial x} \left(\dfrac{1}{2} z^2 - \dfrac{h}{2} z - \dfrac{b^2}{8} + \dfrac{bh}{4} \right), \left(\dfrac{h}{2} \leqslant |z| \leqslant \dfrac{b}{2} \right) \end{cases} \tag{6-13}$$

浆液在裂隙内的平均流速 $\bar{v}$ 为:

$$\bar{v} = \frac{1}{(1/2)b} \left(\int_0^{h/2} v \mathrm{d}z + \int_{h/2}^{b/2} v \mathrm{d}z \right)$$

$$= \frac{1}{\eta} \frac{\partial p}{\partial x} \left(-\frac{h^3}{24b} - \frac{b^2}{12} + \frac{bh}{8} \right) \tag{6-14}$$

将式(6-8)代入式(6-14)得:

$$\bar{v} = \frac{1}{\eta} \frac{\partial p}{\partial x} \left[-\frac{\tau_0^3}{3b \left(\frac{\partial p}{\partial x} \right)^3} - \frac{b^2}{12} + \frac{b\tau_0}{4 \frac{\partial p}{\partial x}} \right] \tag{6-15}$$

在注浆过程中,注浆压力梯度远大于浆液剪切屈服应力,因此可以忽略式(6-15)中的高阶小项,则浆液扩散区内浆液的扩散运动方程为:

$$\bar{v} = \frac{1}{\eta} \left(-\frac{b^2}{12} \frac{\partial p}{\partial x} + \frac{b\tau_0}{4} \right) \tag{6-16}$$

6.2.4 浆液黏度的时空分布

文献[66]中提出浆液黏度时空分布具有不均匀性,对于浆液质点来说,浆液的黏度只与时间有关,但从整个浆液的扩散区域来说,浆液质点由注浆孔进入裂隙之后,黏度从初始值开始增长,浆液质点随着注浆时间的延续不断地向前移动,由于浆液质点到达不同位置所用的时间不同,会导致不同位置处的浆液质点的黏度增长时间不同,从而导致在不同的位置浆液的黏度不相同。

在注浆过程中设单位时间的注浆量(注浆速率)为 q,根据质量守恒,注浆时间 t 时浆液扩散到 x 处的浆液量等于该段时间内注入的浆液量,由于注浆孔半径相对于浆液扩散区域来说很小,忽略注浆孔半径,则有:

$$t = \frac{\pi b x^2}{q} \tag{6-17}$$

将式(6-17)整理后可得:

$$x = \sqrt{\frac{qt}{\pi b}} \tag{6-18}$$

黏土水泥浆液的黏度时变性方程符合指数函数:

$$\eta(t) = \eta_0 e^{kt}$$

式中 η_0, k——由浆液性质所决定的待定常数。

浆液黏度增长时间与浆液质点离注浆孔的距离一一对应,根据式(6-18),则有浆液黏度的时空分布方程:

$$\eta(x, t) = \eta_0 e^{k(\pi b x^2 / q)} \tag{6-19}$$

6.2.5 裂隙岩体注浆扩散控制方程

注浆过程中单位时间的注浆量(注浆速率)q 为:

$$q = 2\pi x \left(2\int_0^{h/2} v\,dz + 2\int_{h/2}^{b/2} v\,dz \right) \tag{6-20}$$

将式(6-8)、式(6-13)代入式(6-20)计算,并忽略高阶小项,可得:

$$q = \frac{\pi x}{6\eta}\left(-b^3 \frac{\partial p}{\partial x} + 3b^2 \tau_0 \right) \tag{6-21}$$

将式(6-21)整理后可得:

$$\frac{\partial p}{\partial x} = \frac{3\tau_0}{b} - \frac{6q\eta}{\pi x b^3} \tag{6-22}$$

由图 6-4 可知,τ_0 方向为 x 负方向,则将式(6-22)中的 τ_0 改写成 $-|\tau_0|$,可得:

$$\frac{\partial p}{\partial x} = -\frac{3|\tau_0|}{b} - \frac{6q\eta}{\pi x b^3} \tag{6-23}$$

将式(6-19)代入式(6-23)积分,并代入边界条件 $p|_{x=r_0} = p_0(r_0, t)$,可得注浆过程中注浆压力 p_0 与时间 t 的关系:

$$p_0(t) = p_c + 3\frac{|\tau_0|}{b}\left(\sqrt{\frac{qt}{\pi b}} - r_0 \right) + \int_{r_0}^{\sqrt{\frac{qt}{\pi b}}} \frac{6q}{\pi x b^3} \eta_0 e^{k(\pi b x^2 / q)}\,dx \tag{6-24}$$

式中 r_0——注浆钻孔半径;

p_c——地下水压力。

将式(6-18)代入式(6-24),可得注浆压力与地下水压力差 Δp 和浆液最大扩散半径 R 的关系:

$$\Delta p = p_0 - p_c = 3\frac{|\tau_0|}{b}(R - r_0) + \int_{r_0}^{R}\frac{6q}{\pi x b^3}\eta_0 e^{k(\pi b x^2/q)}\,\mathrm{d}x \qquad (6\text{-}25)$$

若考虑倾斜裂隙,则浆液的重力不可忽略,此时,式(6-6)变为:

$$\frac{\partial p}{\partial x} = \rho g \sin \alpha\cos \theta + \eta\frac{\partial^2 v}{\partial z^2} \qquad (6\text{-}26)$$

式中 α——裂隙倾角;

θ——浆液扩散的方位角。

按照上面的步骤,很容易求得倾斜裂隙注浆压力与地下水压力差 Δp 和浆液最大扩散半径 R 的关系:

$$\Delta p = p_0 - p_c = \left(3\frac{|\tau_0|}{b} - \rho g \sin \alpha\cos \theta\right)(R - r_0) + \int_{r_0}^{R}\frac{6q}{\pi x b^3}\eta_0 e^{k(\pi b x^2/q)}\,\mathrm{d}x$$

$$(6\text{-}27)$$

式(6-25)、式(6-27)即考虑浆液黏度时空变化的裂隙岩体注浆扩散控制方程。据此可知,浆液的扩散距离主要由注浆压力与地下水压力差 Δp、注浆速率 q、浆液黏度的时变性、裂隙隙宽等因素综合决定。

6.2.6 注浆参数对浆液扩散的影响规律

基于浆液黏度时变性的奥灰上部注浆扩散控制方程,利用 MATLAB 软件对式(6-25)进行编程计算,研究注浆压力与地下水压力差 Δp、注浆速率 q、裂隙隙宽 b、浆液黏度 η 对浆液扩散距离的影响规律。

6.2.6.1 注浆压力与地下水压力差对浆液扩散距离的影响

根据注浆扩散控制方程[式(6-25)],绘制了相同注浆速率(106 L/min)、不同裂隙隙宽条件下,浆液扩散距离随注浆压力与地下水压力差的变化曲线,如图 6-5 所示。

从图 6-5 可知:

(1)浆液扩散距离随着注浆压力与地下水压力差的变化呈现明显的阶段性变化:

① 快速增大阶段:在注浆压力与地下水压力差较低的范围内,浆液扩散距离和注浆压力与地下水压力差呈近似线性关系,曲线斜率较大,表明浆液扩散距离随着注浆压力与地下水压力差的升高而迅速增大,注浆压力与地下水压力差对浆液扩散距离的影响明显。

② 缓慢增大阶段:在注浆压力与地下水压力差较高的范围内,浆液扩散

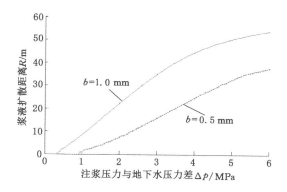

图 6-5 浆液扩散距离随注浆压力与地下水压力差的变化曲线

距离和注浆压力与地下水压力差呈非线性关系,曲线斜率随着注浆压力与地下水压力差的升高而逐渐减小,表明浆液扩散距离随着注浆压力与地下水压力差的升高而增大的速率逐渐减小,说明当注浆压力与地下水压力差超过一定的范围后,注浆压力的升高对于增大浆液扩散范围的作用不明显。

(2)在相同注浆速率、不同裂隙隙宽条件下,注浆压力与地下水压力差的阶段性变化是不同的。在裂隙隙宽为 1.0 mm 的条件下,当注浆压力与地下水压力差小于 3 MPa 时,浆液扩散距离随着注浆压力与地下水压力差的升高而迅速增大,当注浆压力与地下水压力差大于 3 MPa 时,浆液扩散距离随着注浆压力与地下水压力差的升高而增大的速率逐渐减小;而在裂隙隙宽为 0.5 mm 的条件下,当注浆压力与地下水压力差小于 5 MPa 时,浆液扩散距离随着注浆压力与地下水压力差的升高而迅速增大,当注浆压力与地下水压力差大于 5 MPa 时,浆液扩散距离随着注浆压力与地下水压力差的升高而增大的速率逐渐减小,说明裂隙隙宽较小时,注浆压力对扩散距离的影响较大。

注浆压力是浆液在裂隙中运移、充填、压实的动力。在注浆过程中,注浆压力是逐渐升高的,当升高到一定程度时,终止注浆,此时的注浆压力称为注浆终压。注浆过程以注浆终压作为注浆结束标准。通过上面的分析可知,在注浆压力与地下水压力差小于 5 MPa 时,提高注浆终压有助于浆液扩散距离增大,但当注浆压力与地下水压力差大于 5 MPa 时,提高注浆终压对增大浆液扩散距离的作用不明显。因此在注浆实践中,单纯提高注浆终压以增大浆液扩散距离的作用是有限的,根据理论模型计算结果,奥灰上部注浆终压选择比地下水压力高 3～5 MPa 是合适的。

6.2.6.2 裂隙隙宽对浆液扩散距离的影响

根据注浆扩散控制方程[式(6-25)],绘制了相同注浆速率(106 L/min)、不同注浆压力与地下水压力差条件下,浆液扩散距离随裂隙隙宽的变化曲线,如图 6-6 所示。

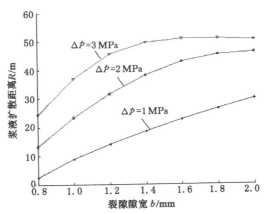

图 6-6　浆液扩散距离随裂隙隙宽的变化曲线

由图 6-6 可知,在相同的注浆压力作用下,裂隙隙宽越大,浆液扩散距离越大。浆液在不同隙宽的裂隙中流动扩散时,要达到相同的扩散距离,隙宽越小所需要施加的注浆压力越大。随着裂隙隙宽的增大,升高注浆压力对浆液扩散距离的影响逐渐减弱,可能与注浆速率及浆液黏度有关。

通过分析可知:

(1) 裂隙隙宽对浆液扩散距离影响较大,裂隙隙宽越大,浆液扩散距离越大,在相同的注浆条件下,所达到的充填范围是不同的。

(2) 注浆孔布置宜采用分序次方式,即先疏(Ⅰ)后密(Ⅱ)、中间补插(Ⅲ),以达到最大限度充填裂隙。奥灰上部裂隙发育具有明显的层带性,在奥灰上部约 5～20 m 范围内以裂隙型为主,约 20～45 m 范围内溶孔、溶隙比较发育,也就是说下部裂隙比上部裂隙发育、连通性好,浆液从注浆孔进入与注浆孔相连的裂隙时,下部连通性好的宽裂隙先充填,充填范围大,上部的裂隙后充填,充填范围小。连通性好的宽裂隙在Ⅰ序次就达到了充填目的,而窄裂隙要到Ⅱ、Ⅲ序次才能被充填,事实上,无论将孔距加到多密,也终归会有许多小裂隙未被完全充填。在布置注浆孔时,Ⅰ、Ⅱ序次注浆孔全面注浆,孔深按照注浆改造厚度布置,Ⅲ序次注浆孔作为检查孔,同时起到对未被充填加固好的薄弱区域进行加固的作用。

6.2.6.3　注浆速率对浆液扩散距离的影响

根据注浆扩散控制方程[式(6-25)],绘制了不同裂隙宽度、注浆压力与地下水压力差条件下,浆液扩散距离随注浆速率的变化曲线,如图 6-7 所示。

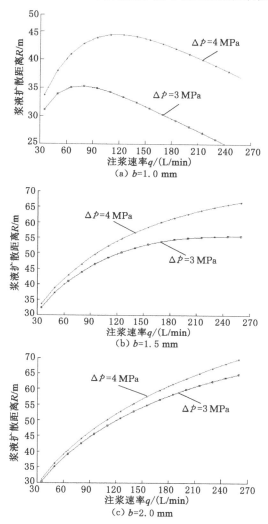

(a) $b=1.0$ mm

(b) $b=1.5$ mm

(c) $b=2.0$ mm

图 6-7　浆液扩散距离随注浆速率的变化曲线

由图 6-7 可知:

(1) 当裂隙隙宽为 1.0 mm 时,浆液扩散距离随注浆速率的变化明显与隙宽为 1.5 mm 和 2.0 mm 的裂隙不同[图 6-7(a)],表现为:在注浆速率较小时,浆液扩散距离与注浆速率呈近似线性关系,曲线斜率较大,注浆速率对浆液及扩散距离的影响显著;随着注浆速率的增大,曲线斜率逐渐减小,此时注浆速率对浆液扩散距离的影响逐渐减弱;当注浆速率增大到一定程度(在注浆压力与地下水压力差为 4 MPa 时,注浆速率增大到 120 L/min;在注浆压力与地下水压力差为 3 MPa 时,注浆速率增大到 75 L/min)时,曲线斜率变为负值,此时注浆速率的增大对浆液扩散距离起到相反的作用,且注浆压力与地下水压力差越低,这种反作用越明显,主要是由于裂隙隙宽较小时,高注浆速率使得注浆压力迅速升高引起的。

(2)当裂隙隙宽为 1.5 mm 和 2.0 mm 时,浆液扩散距离随注浆速率的增大,表现为明显的阶段性[图 6-7(b)、(c)]:在小速率注浆时,浆液扩散距离与注浆速率呈近似线性关系,曲线斜率较大,注浆速率对浆液扩散距离的影响显著;随着注浆速率的增大,曲线斜率逐渐减小,此时注浆速率对浆液扩散距离的影响逐渐减弱。随着裂隙隙宽的增大,注浆速率对浆液扩散距离的影响明显要高于注浆压力的作用。

为了更详细地分析注浆速率引起浆液扩散距离变化的原因,根据注浆压力与注浆时间的关系式[式(6-24)],利用 MATLAB 软件进行编程计算,得到了相同地下水压力(3 MPa)、不同裂隙隙宽和注浆速率条件下,注浆压力随注浆时间的变化曲线,如图 6-8 所示。

由图 6-8 可知:

(1)注浆压力随着注浆时间的变化呈现明显的阶段性:

① 在注浆初期,注浆压力-注浆时间曲线呈斜率很小的近似直线关系,表明在注浆初期,注浆压力缓慢升高。

② 在注浆中期,注浆压力-注浆时间曲线呈斜率逐渐增大的曲线关系,表明随着注浆时间的延续,注浆压力较快升高。

③ 在注浆后期,注浆压力-注浆时间曲线呈斜率很大的近似直线关系,表明注浆后期,随着注浆时间的延续,注浆压力迅速升高。

(2)在相同注浆时间内,相同隙宽的裂隙,随着注浆速率的增大,注浆压力逐渐增大。在注浆初期,随着注浆速率的增大,注浆压力缓慢升高,随着注浆时间的延续,注浆压力升高的速率也逐渐增大。在注浆初期,注浆速率对注浆压力的影响表现得不明显,但在注浆中期及后期,随着注浆速率的增大,对注浆压力的影响越明显。

(3)随着裂隙隙宽的减小,注浆速率对注浆压力的影响变大。当裂隙隙宽为 1.0 mm[图 6-8(a)],注浆速率小于 90 L/min 时,注浆压力先是以较小的速率缓慢升高,随着注浆时间的延续,注浆压力升高的速率逐渐增大,达到一定注浆时间后,注浆压力迅速升高;而当注浆速率较高,大于 90 L/min 时,注浆压力变化的阶段性不明显,随着注浆时间的延续,注浆压力-注浆时间曲

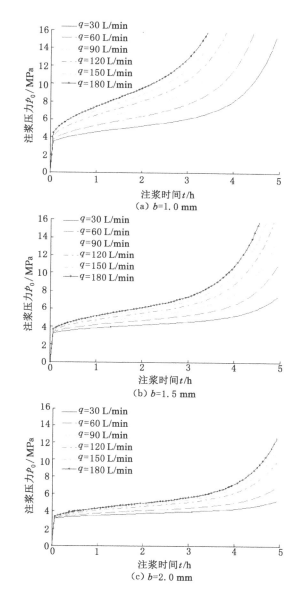

图 6-8　注浆压力随注浆时间的变化曲线

线近似呈斜率为 45°的直线,注浆压力迅速升高。当裂隙隙宽为 2.0 mm[图 6-8(c)],注浆速率小于 60 L/min 时,注浆 5 h 以内,注浆压力一直缓慢升高,随着注浆速率的增大,注浆压力升高的速率逐渐增大。

（4）不同隙宽的裂隙，注浆启动压力不同，裂隙隙宽越小，注浆启动压力越大。

综合以上分析可知：在注浆实践中，裂隙隙宽较小时，高速率注浆导致升压快，相对于小速率注浆浆液扩散得近，因此可以通过适当升高注浆压力、减小注浆速率的方式增大浆液的扩散范围；而当裂隙隙宽较大时，小速率注浆会导致升压缓慢、注浆时间长，而且容易阻塞管路，因此可以通过适当增大注浆速率的方式减小浆液的扩散范围，防止大量跑浆。

6.2.6.4　浆液黏度对浆液扩散距离的影响

根据式（6-25），如果不考虑浆液黏度的时变性，则注浆扩散控制方程为：

$$\Delta p = p_0 - p_c = 3\,\frac{|\tau_0|}{b}(R - r_0) + \frac{6q\eta_0}{\pi b^3}\ln\frac{R}{r_0} \tag{6-28}$$

根据式（6-25）与式（6-28）绘制了相同注浆速率（106 L/min）、裂隙隙宽（1.5 mm）条件下，考虑及不考虑浆液黏度时变性两种情况下的浆液扩散距离随注浆压力与地下水压力差的变化曲线，如图 6-9 所示。

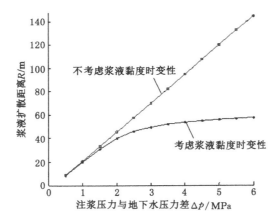

图 6-9　浆液扩散距离随注浆压力与地下水压力差的
变化曲线（考虑及不考虑浆液黏度时变性）

由图 6-9 可知：当注浆压力与地下水压力差较低时，考虑及不考虑浆液黏度时变性两种情况下的浆液扩散距离相差不大；而当注浆压力与地下水压力差升高到 2 MPa 时，不考虑浆液黏度时变性情况下的浆液扩散距离比考虑浆液黏度时变性情况下的大得多，如注浆压力与地下水压力差为 4 MPa 时，前者为 94.8 m，后者为 53.9 m，两者相差约 41 m，表明浆液黏度的时变特征对浆液扩散距离的影响较大。

为了分析不同浆液黏度时变特征对浆液扩散距离的影响，根据注浆扩散控制方程[式(6-25)],绘制了相同注浆速率(106 L/min)、裂隙隙宽(1.5 mm)条件下,不同浆液黏度特征情况下的浆液扩散距离随注浆压力与地下水压力差的变化曲线,如图 6-10 所示。

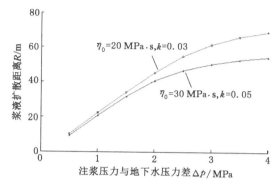

图 6-10　浆液扩散距离随注浆压力与地下水压力差的
变化曲线(不同浆液黏度特征)

由图 6-10 可知,浆液的黏度越小、黏度随时间的变化越小,浆液的扩散距离越大。

综合分析,在注浆工程实践中,可以根据工程目的和需求来选择不同配比的注浆材料,如选择黏度小的、流动性好的浆液,利于增大浆液的扩散距离;对于较大的裂隙,为了避免大量跑浆,可通过调整浆液的配比,增大浆液的黏度。

6.3　裂隙岩体注浆数值模拟

研究注浆浆液在裂隙中的流动扩散规律对于注浆改造设计具有重要的指导作用,由于裂隙作为浆液的主要扩散通道,其空间展布极其复杂,使得直接获得浆液的流动扩散规律极其困难。数值模拟分析方法可以较容易地将各种因素加以综合考虑,为研究各因素对浆液扩散的影响提供了一种简便而又有效的可视化方法。在此,基于流体力学理论,考虑多相流特征,利用 COMSOL Multiphysics 模拟软件建立黏土水泥浆液在裂隙中流动扩散的仿真分析模型,对裂隙岩体注浆浆液扩散过程中的影响因素进行分析探讨。

6.3.1　COMSOL Multiphysics 模拟软件简介

COMSOL Multiphysics 模拟软件是一款真正意义上的多场直接耦合软件,通过有限元法进行求解,能综合考虑实际工程问题中存在的多因素影响问题,其最大的特色在于软件核心包中集成了大量的物理应用模块,包括结构力学模块、流体力学模块、声学模块、化学工程模块、低频电磁场模块、地球科学模块、热传导模块、量子力学模块、半导体器件模块和波的传导模块等,应用这些预定义好的物理模块,可以解决特定领域的物理问题[148-150]。通过有限元法并借助 COMSOL Multiphysics 模拟软件流体力学模块中的层流两相流模型来研究裂隙注浆过程中的浆液相与水相扩散问题,对于各因素对浆液的扩散影响的定量分析具有重要意义。

图 6-11 为基于 COMSOL Multiphysics 模拟软件的多物理场仿真的一般流程,主要包括以下几个步骤[151]。

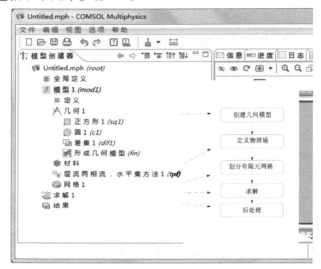

图 6-11　基于 COMSOL Multiphysics 模拟软件的多物理场仿真的一般流程

(1) 创建几何模型

几何模型的创建可以通过 COMSOL Multiphysics 模拟软件提供的几何图形及其相关运算直接建模,也可以直接在 AutoCAD 软件中进行复杂几何模型的建模,然后通过 COMSOL Multiphysics 模拟软件的导入功能,将建好的几何模型导入其中。

(2) 定义物理场

该过程包括对材料物性参数的设定,如黏度、密度、渗透率等;对边界条件的设置,包括对几何结构的内部、边界或者顶点建立控制方程等;对模型初始值的设定;等等。定义物理场是模型求解的关键。

(3) 划分有限元网格,即网格化

该过程是利用内置网格生成器完成的,网格划分是数值模拟中较为关键的一步,划分的优劣直接影响计算速度、精度和收敛性,网格划分得太疏会造成计算误差过大,太密则会增加计算时间,降低计算效率。在网格划分过程中,根据模型求解需要及精度要求,对网格进行划分。

(4)求解

COMSOL Multiphysics 模拟软件采用偏微分方程的有限元法对模型进行求解,通过离散方式将模型离散成若干相关单元,最后建立离散线性方程组,通过求解器进行模型求解。其中求解过程包括稳态、瞬态和特征值等问题的数值计算,求解器是由 C++ 语言编写的,包括直接处理器、迭代求解器和多级前处理器等。同样,也可以使用求解器的脚本语言自行求解,避免等待、为每一次迭代或参数的更改而对求解器设置,实现高效运算。

(5)后处理

COMSOL Multiphysics 模拟软件具有强大的可视化图形后处理功能,各场景变量均能实现人工交互式的图形处理,可利用 AVI、QuickTime 文件进行动画模拟等,还可利用 MATLAB 软件的脚本文件实现最优化设计和其他后处理功能。

6.3.2 数值模型

采用单一平板裂隙注浆模型,利用三维数值计算,计算模型的尺寸 $(x \times y \times z)$ 为 120 m×120 m×0.001 m,裂隙隙宽为 1 mm,注浆孔位于模型中心,半径为 0.089 m,计算的条件是:流入边界为注浆法向流入速度入口边界,上下、左右边界为定压力边界,视作在模型边界外始终存在水压,其余边界设为壁;裂隙中充满了水,水压为 2 MPa,水的密度为 1 000 kg/m³,水的黏度为 0.001 Pa·s;浆液的预定义黏度 $\eta(t) = 0.03e^{0.000\,83t}$ (表 6-3)。采用细化的三角形网格对模型进行剖分,如图 6-12 所示。

表 6-3 数值模拟基本参数

注浆孔 半径/m	法向流入 速度/(m/s)	水压/MPa	浆液的黏度 /(Pa·s)	水的黏度 /(Pa·s)	裂隙隙宽 /mm	求解方式
0.089	1.77×10^{-3}	2	预定义黏度	0.001	1	瞬态

6.3.3 模拟结果分析

(1)不同时刻浆液扩散轨迹

利用水平集方法追踪两相集界面,以体积分数的分布特征来表示浆液的扩散范围。不同时刻浆液扩散轨迹如图 6-13 所示。由图 6-13 可以看出,由于计算区域的对称性,浆液从注浆孔沿裂隙延展平面呈圆形做径向扩散,随着

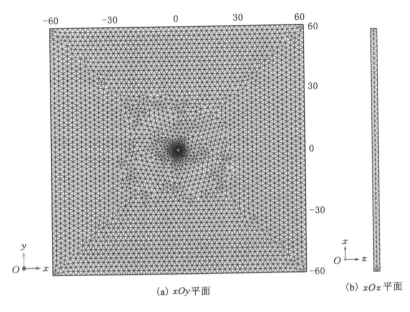

(a) xOy 平面　　(b) xOz 平面

图 6-12　数值几何模型

注浆时间的延续,浆-水分界面的位置不断推移,浆液的扩散范围逐渐增大,浆液逐步将裂隙中的水驱走。

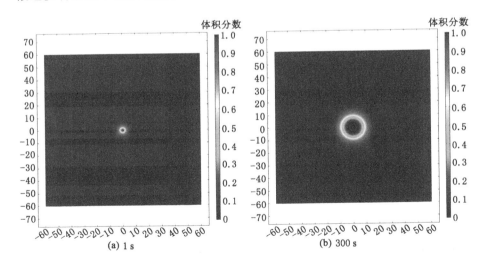

(a) 1 s　　(b) 300 s

图 6-13　不同时刻浆液扩散轨迹

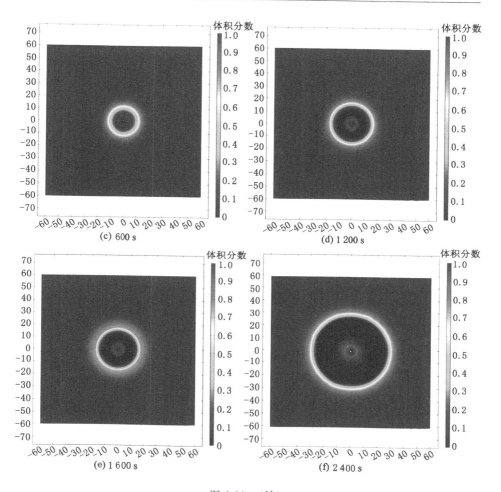

图 6-13 （续）

（2）不同注浆压力下浆液扩散距离

当裂隙隙宽为 1 mm，地下水压力为 2 MPa，注浆速率为 106 L/min 时，不同注浆压力下浆液扩散轨迹如图 6-14 所示。从图 6-14 中可以看出，在裂隙隙宽、地下水压力、注浆速率、浆液黏度一定时，浆液扩散距离随注浆压力的升高而增大，当升高到 6 MPa 时，浆液扩散距离增大的速度明显减小。

图 6-15 是根据图 6-14 绘制的浆液扩散距离随注浆压力的变化曲线，并与理论计算结果进行了对比。理论计算结果（图 6-5）与数值模拟结果（图 6-15）对比表明，浆液扩散距离随注浆压力的变化趋势是相同的，但两者得到的浆液扩散距离的大小有所偏差，数值模拟得到的浆液扩散距离比理论

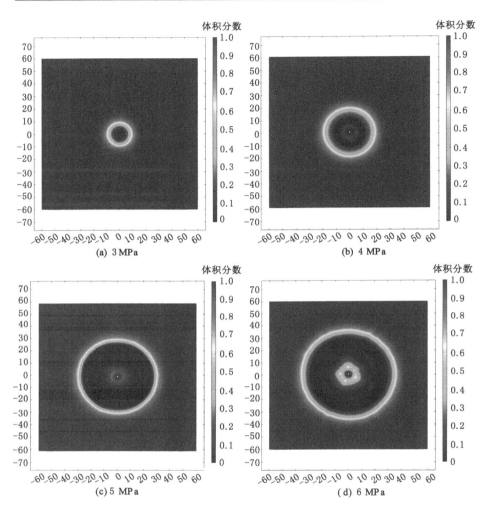

图 6-14　不同注浆压力下浆液扩散轨迹

计算的小。如当注浆压力与地下水压力差为 3 MPa(即注浆压力为 5 MPa)时,数值模拟得到的浆液扩散距离为 31.00 m,理论计算得到的为 35.05 m;又如当注浆压力与地下水压力差为 4 MPa(即注浆压力为 6 MPa)时,数值模拟得到的浆液扩散距离为 38.00 m,理论计算得到的为 44.60 m,具体原因有待继续深入研究。

(3)不同注浆速率下浆液扩散距离

当裂隙隙宽为 1 mm,地下水压力为 2 MPa,注浆压力为 6 MPa 时,浆液

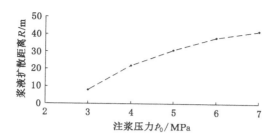

图 6-15　浆液扩散距离随注浆压力的变化曲线(数值模拟)

扩散距离随注浆速率的变化曲线如图 6-16 所示。从图 6-16 中可以看出,在注浆速率较小时,浆液扩散距离随注浆速率的增大而增大,当注浆速率增大到一定程度之后,随着注浆速率的增大,浆液扩散距离反而减小,此时注浆速率的增大对于浆液扩散距离起到相反的作用。

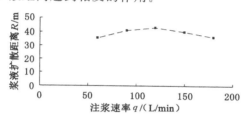

图 6-16　浆液扩散距离随注浆速率的变化曲线(数值模拟)

7 奥灰上部注浆改造工程实践

7.1 注浆改造工作面概况及突水危险性评价

7.1.1 白庄矿8806工作面地质及水文地质概况

7.1.1.1 工作面概况

白庄矿8806工作面地面位置位于山东水泥厂以西,荣庄村以南,荣庄河以东,荣庄河为季节性河流,雨季有水,流向南西。工作面井下位置位于－430 m水平8800采区,地面标高为＋79.01～＋80.51 m,井下标高为－315.0～－385.7 m,采深为394～466 m,工作面走向长为367～398 m,倾向长为79 m,面积为29 495 m²。

7.1.1.2 煤层及顶底板情况

该工作面开采的8煤层,为较稳定的煤层,煤层厚度为1.80～2.18 m,平均为2.00 m,煤层倾角为9°～14°,平均为12°。煤层直接顶为四灰,厚度为3.80～6.63 m,平均为4.73 m,灰色,顶部质不纯,性脆,致密,团块状构造,富含蜓蝌及植物化石,裂隙发育,普氏硬度系数$f=8$。煤层直接底为黏土岩,厚度为0～0.20 m,平均为0.10 m,浅灰色,含粉砂质,无层理,普氏硬度系数$f=3$。

7.1.1.3 地质及水文地质特征

(1) 五灰

五灰厚度为3.0(7808-F18孔)～9.1 m(7808-F25孔),平均为5.88 m,上距8煤层的距离为20.90～33.20 m,平均为29.10 m。在7808工作面下方8808泄水巷内施工五灰钻孔30个,钻孔最大涌水量为90.0 m³/h(7808-F26孔),最小涌水量为0.5 m³/h(7808-F19孔),平均为14.0 m³/h。目前该工作面实测五灰含水层最高水位为－142.4 m(7808-F6孔)。

(2) 奥灰

奥灰为巨厚含水层,岩溶裂隙发育不均,富水性差异较大。根据对该工作面进行的五灰放水试验,奥灰水基本没有向五灰含水层补给。7808 工作面下方 8800 轨道及 8810 工作面共施工奥灰钻孔 6 个,五灰与奥灰间距为 1.30～6.90 m,平均为 3.88 m;钻孔涌水量为 15.0～60.0 m³/h。目前井下实测最高奥灰水位为＋8.4 m(8810-奥 1 孔),奥灰水水压为 4.43 MPa。

（3）隔水层

根据施工钻孔揭露资料,8 煤层下距五灰的距离为 20.9～33.2 m,平均为 29.1 m,隔水层的岩性主要为粉砂岩、泥灰岩、石灰岩、煤、黏土岩、中砂岩;8 煤层下距奥灰的距离为 37.2～50.5 m,平均为 43.8 m,隔水层厚度变化较大,岩性除上述外还有砂质黏土岩和 G 层铝土,脆性岩比率约为 0.65。

（4）构造特征

8806 工作面位于 BF_{40} 断层以西,FN_6 断层东南,该区域地层整体呈单斜构造,地层走向在 65°～96°之间,倾向在 335°～6°之间,倾角在 9°～14°之间,平均为 12°,构造复杂指数为 0.61,属于构造复杂区。

7.1.2　注浆前工作面突水危险性评价

7.1.2.1　基于 T-G 评判体系的突水危险性评价

根据 8806 工作面水文地质概况,奥灰水水压(p)为 4.43 MPa,隔水层厚度(M)为 37.2～50.5 m,平均为 43.8 m,根据突水系数计算公式［式(1-2)］计算突水系数:

奥灰最大突水系数(T_{max})为:

$$T_{max} = p/M_{min} = 4.43/37.2 \text{ MPa/m} = 0.119 \text{ MPa/m}$$

奥灰最小突水系数(T_{min})为:

$$T_{min} = p/M_{max} = 4.43/50.5 \text{ MPa/m} = 0.088 \text{ MPa/m}$$

奥灰平均突水系数(T_m)为:

$$T_m = p/M_m = 4.43/43.8 \text{ MPa/m} = 0.101 \text{ MPa/m}$$

由此可得,8806 工作面奥灰突水系数为 0.088～0.119 MPa/m,平均为 0.101 MPa/m,且构造复杂指数大于 0.3,则该工作面 8 煤层开采有奥灰突水危险,为突水危险区。

7.1.2.2　基于多因素评判模型的突水危险性评价

8806 工作面奥灰水水压(F_1)为 4.43 MPa,隔水层厚度(F_2)为 37.2～50.5 m,平均为 43.8 m,构造复杂指数(F_3)为 0.61,脆性岩比率(F_4)为 0.65,根据式(5-23)计算工作面最大采深 465.7 m 时的底板破坏深度(F_5)为 20.39 m。

该工作面隔水层厚度变化较大,因此对最小隔水层厚度、最大隔水层厚度、平均隔水层厚度分别进行计算。

以平均隔水层厚度为例,初始评判矩阵为:

$$\boldsymbol{E}_m = (4.43, 43.80, 0.61, 0.65, 20.39)$$

根据式(5-16)对初始评判矩阵进行标准化处理,得到标准化评判矩阵:

$$\boldsymbol{C}_m = (F_1/27.763, F_2/348.054, F_3/3.329, F_4/2.937, F_5/86.886)$$
$$= (0.160, 0.126, 0.183, 0.221, 0.235)$$

根据式(5-17)计算得到加权标准化评判矩阵:

$$\boldsymbol{V}_m = (0.030, 0.027, 0.036, 0.046, 0.046)$$

按照式(5-20)和式(5-21)计算加权标准化评判向量 $\boldsymbol{V}_m$ 到奥灰突水最危险解 $\boldsymbol{V}^+$ 和最安全解 $\boldsymbol{V}^-$ 的距离 D_m^+ 和 D_m^- 分别为:

$$D_m^+ = 0.054; D_m^- = 0.048$$

按照式(5-22),即可得到注浆改造前该工作面的奥灰突水评判值:

$$OR_m = \frac{D_m^-}{D_m^+ + D_m^-} = 0.471$$

按照相同的方法,可求得最大隔水层厚度和最小隔水层厚度时的奥灰突水评判值 OR_{max} 和 OR_{min} 分别为:

$$OR_{max} = 0.480; OR_{min} = 0.466$$

由此可得,8806 工作面奥灰突水评判值为 0.466~0.480,平均为 0.471,则该工作面 8 煤层开采有奥灰突水危险,为较危险区。

综合 T-G 评判体系及多因素评判模型的奥灰突水评价结果,该工作面 8 煤层开采受奥灰突水威胁较大,需要实施奥灰上部注浆改造,从整个工作面总体来考虑,确定为奥灰上部完全注浆改造区。

7.2 奥灰上部注浆改造方案

7.2.1 奥灰上部注浆改造厚度设计

该工作面底板奥灰上部注浆改造前奥灰突水系数(T)为 0.088~0.119 MPa/m,平均为 0.101 MPa/m;隔水层厚度(M)为 37.2~50.5 m,平均为 43.8 m;构造复杂指数(G)大于 0.3,为构造复杂区。因此,注浆改造的临界突水系数 T_2 为 0.06 MPa/m。根据基于 T-G 评判体系的注浆改造厚度计算公式[式(5-28)],计算得出奥灰上部注浆改造厚度为 28.28~43.90 m。根据揭露构造特征、奥灰富水性、注浆孔序次等实际情况,各钻孔最终注浆改造厚度(即注浆钻孔进入奥灰垂深)在公式计算值的基础上有所增加,如表 7-1 所列。

表 7-1 奥灰上部注浆改造厚度

孔号	方位/(°)	倾角/(°)	孔口标高/m	孔深/m	进入奥灰垂深/m
8806-奥 1	90	−42	−297.0	122.9	40.1
8806-奥 2	60	−40	−286.4	140.5	47.8
8806-奥 6	37	−37	−306.4	128.0	43.8
8806-奥 7	183	−35	−306.4	110.3	34.0
8806-奥 8	224	−38	−306.4	135.0	47.7
8806-奥 9	274	−34	−306.4	150.5	37.5
8806-奥 10	284	−40	−306.4	152.0	38.6
8806-奥 11	36	−43	−325.5	142.1	40.9
8806-奥 12	77	−37	−325.5	149.0	54.9
8806-奥 13	117	−41	−325.5	118.0	43.0
8806-奥 14	154	−39	−345.2	124.0	40.0
8806-奥 15	225	−36	−345.2	139.9	29.3
8806-奥 16	345	−40	−347.5	151.0	31.7
8806-奥 17	124	−34	−347.5	130.0	43.8
8806-奥 18	184	−38	−347.5	127.0	46.4
8806-奥 19	216	−40	−347.5	130.0	45.7
8806-奥 21	125	−35	−369.9	141.2	49.0
8806-奥 22	151	−34	−369.9	133.1	46.1
8806-奥 24	64	−40	−368.1	135.0	47.4
8806-奥 25	97	−32	−368.1	139.5	44.8
8806-奥 26	114	−30	−368.1	130.0	38.4
8806-奥 27	7	−39	−322.5	150.7	34.8
8806-奥 28	28	−43	−322.5	151.2	43.3
8806-奥 29	63	−40	−322.5	140.1	45.0
8806-奥 30	85	−43	−322.5	138.5	54.0
8806-奥 31	136	−32	−325.3	131.0	39.5
8806-奥 32	200	−30	−347.5	150.4	51.9
8806-奥 33	173	−30	−345.2	152.0	58.7
8806-奥 34	316	−45	−334.7	150.9	34.6
8806-奥 35	178	−30	−334.7	87.7	36.4
8806-奥 36	312	−45	−347.5	152.0	45.0

7.2.2 注浆终压、注浆速率、注浆孔间距设计

（1）注浆终压

注浆压力是推动浆液在注浆孔内及岩层空隙中运移、充填、压实的外力。一般来说，注浆压力越大，浆液扩散距离越大。注浆压力过小时，驱使浆液在地层中扩散的动力不足，注浆改造范围达不到设计要求，但注浆压力过大时，会造成煤层底板岩体及注浆管路变形破坏。奥灰深部裂隙较浅部裂隙闭合性好，单纯通过提升注浆压力来增大浆液扩散距离的作用是有限的。根据理论模型计算结果，奥灰上部注浆终压选择比地下水水压高 3～5 MPa 是比较理想的。8806 工作面奥灰水水压为 4.43 MPa，因此设计注浆终压为 8.5 MPa。

（2）注浆速率

注浆速率的大小是根据钻孔涌水量、钻孔耗浆量、注浆压力及管道输浆能力来确定的。根据理论研究成果（图 6-7～图 6-8）可知，裂隙隙宽较小时，高速率注浆，导致升压快，相对于小速率注浆浆液扩散得近。8808 工作面裂隙隙宽一般在 0.5～3.0 mm 之间，根据前面的分析可知，理论成果中裂隙假设为光滑裂隙，因此在应用时必须考虑岩体中裂隙的粗糙度、连通性等对浆液扩散距离的影响，在此按照 0.5～1.0 mm 裂隙进行设计。根据现场注浆泵机，注浆速率一般先用三挡 106 L/min，当孔口压力升到 8.5 MPa 时，梯次减小注浆速率，换用二挡 80 L/min 注浆，利于后续浆液的持续注入，增强注浆加固的效果。直至孔口压力再次达到 8.5 MPa 时封孔，结束注浆。若遇钻孔涌水量大，注浆压力小，钻孔耗浆量大，可适当增大注浆速率。

（3）注浆孔间距

注浆孔间距根据浆液扩散距离来设计。当注浆终压、注浆速率确定后，即可根据奥灰上部注浆扩散控制方程［式（6-25）］对浆液扩散距离进行计算，计算结果如图 7-1 所示。

由图 7-1 可以看出，当裂隙隙宽为 0.5～1.0 mm（不考虑裂隙倾角）、注浆终压为 8.5 MPa，注浆速率为 106 L/min 时，浆液扩散距离为 26～44 m，为保证注浆加固效果，注浆孔间距按照 25～30 m 布置，具体要结合工作面揭露构造情况、奥灰富水性情况、相邻 8804 工作面前期设计的注浆孔位置及钻窝施工的要求等进行布置施工。

7.2.3 注浆改造工程的实施

（1）钻场设计与施工

根据施工条件、工作面构造以及奥灰富水性物探探测结果，每隔 100 m 左右施工 1 个钻机硐室，钻机硐室的规格应根据不同的钻机型号及设计参数确定，尺寸一般为长不小于 4.0 m、宽不小于 3.5 m、高不小于 2.5 m，注浆孔进入奥灰

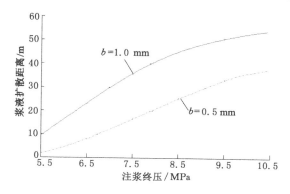

图 7-1　浆液扩散距离计算结果

垂深约为 30~60 m,钻孔倾角不小于 30°,倾斜孔深一般大于 110 m(表 7-1)。

（2）注浆孔结构与施工

注浆孔全部采用三级套管结构,开孔结构 ϕ146 mm,一级套管 ϕ127 mm 作为孔口管,底口距 8 煤层底板法线的距离不小于 3~5 m,扫空打压 8.5 MPa 合格后,改用 ϕ108 mm 的二级套管至 11 煤层以下完整岩层内封孔,再扫空打压至 8.5 MPa 合格后,施工至五灰并进行五灰注浆改造。继续扫空打压至 8.5 MPa 合格后,改用 ϕ89 mm 钻头钻进,并下入 ϕ89 mm 的三级套管至奥灰顶板以下 1 m 的坚硬完整岩层层位,再扫空打压至 8.5 MPa 合格后,换用 ϕ73 mm 钻头钻进,直至钻进到设计的深度。8806-奥 7 注浆孔设计示意图如图 7-2 所示。

（3）注浆孔布置

每个硐室的注浆孔要采用先疏（Ⅰ）后密（Ⅱ）、中间补插（Ⅲ）的方法分序次施工:Ⅰ序次注浆孔主要是通过岩芯描述、水量观测等手段,探查五灰、奥灰岩溶发育程度及富水性、底板岩性组合、导高等,并据此调整注浆参数;Ⅰ序次注浆孔注浆完成后,在孔间施工Ⅱ序次注浆孔,然后根据前两序次注浆情况确定Ⅲ序次注浆孔,并进行检查和补充注浆。

8806 工作面施工奥灰注浆孔 39 个(包括 8804 工作面的 8 个注浆孔),分三个序次施工注浆改造(图 7-3),具体如下:

Ⅰ序次注浆孔:8806-奥 1、8806-奥 2、8806-奥 7、8806-奥 8、8806-奥 9、8806-奥 11、8806-奥 12、8804-奥 3、8804-奥 4、8804-奥 8、8804-奥 13、8804-奥 14、8804-奥 19、8804-奥 20、8804-奥 26。

Ⅱ序次注浆孔:8806-奥 6、8806-奥 13、8806-奥 14、8806-奥 16、8806-奥 17、8806-奥 18、8806-奥 19、8806-奥 21、8806-奥 24、8806-奥 25、8806-奥 26、8806-

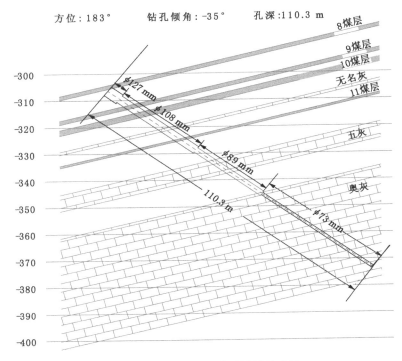

图 7-2　8806-奥 7 注浆孔设计示意图

奥 28、8806-奥 29、8806-奥 31。

　　Ⅲ序次注浆孔(检查孔):8806-奥 10、8806-奥 15、8806-奥 22、8806-奥 27、8806-奥 30、8806-奥 32、8806-奥 33、8806-奥 34、8806-奥 35、8806-奥 36。

7.3　注浆改造效果检验评价

7.3.1　注浆改造前后钻探验证

　　钻探直接验证法是根据注浆改造前后钻孔涌水量、注浆量的变化来评价注浆效果。Ⅲ序次注浆孔除了用来对构造薄弱带、分析注浆效果较差或注浆孔稀疏的地段进行补注外,还可用来检查Ⅰ、Ⅱ序次注浆孔的注浆情况。

　　选取Ⅰ、Ⅱ序次注浆孔的涌水量作为注浆改造前钻孔涌水量,Ⅲ序次注浆孔(检查孔)的涌水量作为注浆改造后钻孔涌水量。

　　8806 工作面底板奥灰上部注浆改造前钻孔涌水量为 10~200 m³/h,平均为 47.4 m³/h;注浆改造后钻孔涌水量为 3~50 m³/h,平均为 20.8 m³/h,其中只有 2 个钻孔的涌水量大于 40 m³/h,其余钻孔的涌水量均小于 25 m³/h,

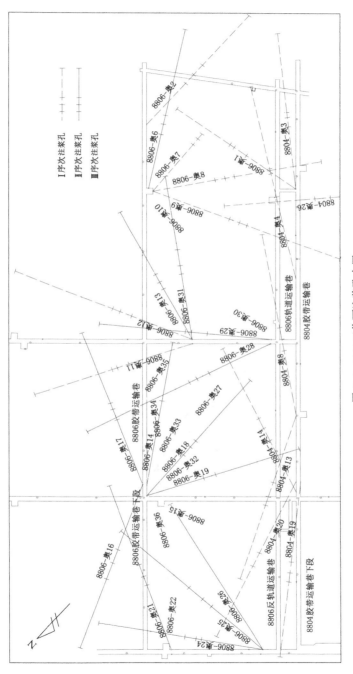

图 7-3　8806 工作面注浆孔布置

而且这是Ⅲ序次注浆改造之前的钻孔涌水量,经过Ⅲ序次注浆孔注浆之后,钻孔涌水量会更小。

奥灰上部注浆改造前,只有 3 个钻孔见水深度在奥灰顶界面以下 0~5 m 层位,其余钻孔见水深度在奥灰顶界面以下 6.5~38.1 m 层位,奥灰水量增大深度在奥灰顶界面以下 20~30 m 层位。对奥灰上部注浆改造前后的钻孔涌水量进行了对比分析,见表 7-2。由表 7-2 可知,奥灰上部的富水性越往深部越强,且注浆改造后钻孔涌水量明显减小。

表 7-2 奥灰上部注浆改造前后钻孔涌水量对比

奥灰顶界面以下深度/m	注浆改造前钻孔涌水量/(m³/h)（最小~最大/平均）	注浆改造后钻孔涌水量/(m³/h)（最小~最大/平均）
0~10	0~60/7.1	0~20/3.5
10~20	0~100/21.2	0~40/12.5
20~30	0~150/30.2	0~50/12.5
30~40	10~150/39.5	0~50/15.8
40~50	10~200/47.4	0~50/19.8

从钻孔涌水量分析来看,注浆改造前后钻孔涌水量变化明显,一方面说明注浆效果较好,另一方面也说明浆液扩散距离能达到 25 m 以上。

7.3.2 注浆改造前后奥灰富水性分析

物探法是通过对比注浆改造前后地层的电磁或者电阻率变化特征判断注浆改造效果。为了对 8806 工作面底板奥灰上部富水性及注浆改造后的效果进行评价,采用矿井瞬变电磁探测技术对奥灰上部注浆改造前后进行了探测,通过对比分析得到了以下成果。

（1）奥灰顶界面及其以下 10 m 层位注浆改造以后视电阻率显著增大（图 7-4 和图 7-5）,说明在进入奥灰 10 m 的范围内注浆效果良好。

注浆改造前,该工作面奥灰顶界面层位大部分区域的视电阻率大于 3 Ω·m,介于 3~12 Ω·m 之间,仅有两个视电阻率非常小的区域,说明奥灰顶界面层位富水性较差;奥灰顶界面以下 10 m 层位的视电阻率小于 3 Ω·m 的低阻区,主要位于胶带运输巷和轨道运输巷附近,说明这些区域奥灰含水。但经过注浆改造后,奥灰顶界面以下 0~10 m 层位的视电阻率明显增大,工作面内大部分区域视电阻率大于 8 Ω·m,说明注浆改造效果好。但在工作面外侧存在一注浆改造薄弱区,位于胶带运输巷的东侧,注浆改造前视电阻率为 3~6 Ω·m,注浆改造后视电阻率低至 1~3 Ω·m。

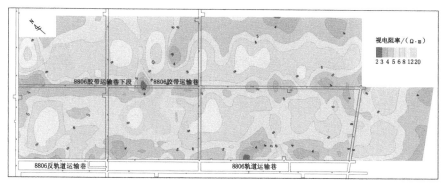

(a) 注浆改造前

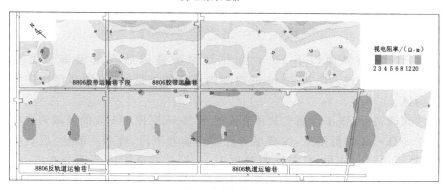

(b) 注浆改造后

图 7-4　注浆改造前后奥灰顶界面层位物探成果

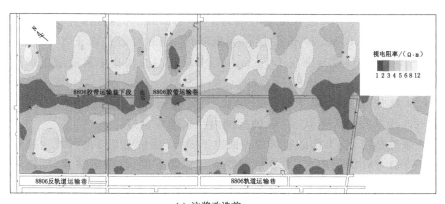

(a) 注浆改造前

图 7-5　注浆改造前后奥灰顶界面以下 10 m 层位物探成果

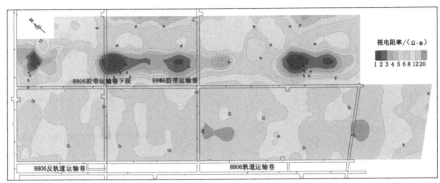

(b) 注浆改造后

图 7-5 （续）

（2）奥灰顶界面以下 20 m 层位注浆改造以后视电阻率显著增大（图 7-6），说明在进入奥灰 20 m 的范围内注浆效果良好，但局部存在注浆改造薄弱区。

注浆改造前，该工作面奥灰顶界面以下 20 m 层位有 1/3 的区域为视电阻率小于 3 Ω·m 的低阻区，主要沿着胶带运输巷下段、胶带运输巷、反轨道运输巷、轨道运输巷分布，其范围明显比 10 m 层位的低阻区范围分布广，说明在奥灰顶界面以下 20 m 层位该区域奥灰含水，且含水区域比 10 m 层位的含水区域大，富水性比 10 m 层位的富水性强。经过注浆改造后，工作面内视电阻率明显增大，介于 5～20 Ω·m 之间，大部分区域视电阻率大于 8 Ω·m。但胶带运输巷东侧部分区域（工作面外侧），在注浆改造前视电阻率为 2～4 Ω·m，注浆改造后却成为视电阻率为 1～3 Ω·m 的低阻区，且该区域仅在奥灰顶界面以下 10 m、20 m 的层位为低阻区，推测可能是由于 8806-奥 21、8806-奥 28（终孔位置分别在 49.0 m、43.3 m 层位）注浆孔中浆液沿着裂隙将水推至该处。

（3）奥灰顶界面以下 30 m 层位注浆改造以后视电阻率显著增大（图 7-7），说明在进入奥灰 30 m 的范围内注浆效果良好。

注浆改造前，该工作面奥灰顶界面以下 30 m 层位有 2/3 的区域为视电阻率小于 3 Ω·m 的低阻区，主要沿着胶带运输巷下段、胶带运输巷、反轨道运输巷、轨道运输巷分布，其范围明显比 20 m 层位的低阻区范围分布广，说明在奥灰顶界面以下 30 m 层位该区域奥灰含水，且含水区域比 20 m 层位的含水区域大，富水性比 20 m 层位的富水性强。经过注浆改造后，工作面内视电阻率明显增大，介于 3～20 Ω·m 之间，大部分区域视电阻率大于 6 Ω·m，说

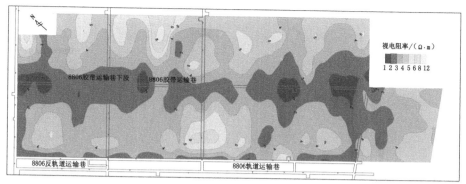

(a) 注浆改造前

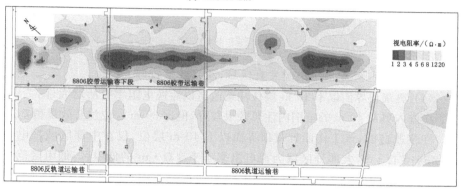

(b) 注浆改造后

图 7-6　注浆改造前后奥灰顶界面以下 20 m 层位物探成果

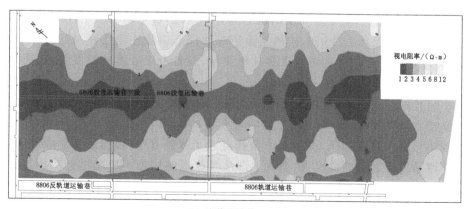

(a) 注浆改造前

图 7-7　注浆改造前后奥灰顶界面以下 30 m 层位物探成果

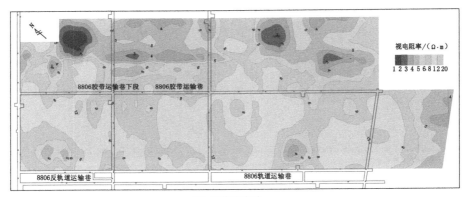

(b) 注浆改造后

图 7-7　（续）

明浆液大多数已经充填了裂隙发育区域,注浆效果较好。

（4）奥灰顶界面以下 40 m 层位注浆改造以后视电阻率有所增大(图 7-8),说明在进入奥灰 40 m 的范围内注浆效果较好,但比 30 m 层位注浆效果稍差。

注浆改造前,该工作面奥灰顶界面以下 40 m 层位,仅在中部区域视电阻率为 3～8 Ω·m,大部分区域为视电阻率小于 3 Ω·m 的低阻区,低阻区范围比 30 m 层位的低阻区范围分布稍广,说明在奥灰顶界面以下 40 m 层位该区域奥灰含水,且含水区域比 30 m 层位的含水区域稍大,富水性比 30 m 层位的富水性稍强。经过注浆改造后,工作面内视电阻率的增大不如 30 m 层位,介于 2～20 Ω·m 之间,其中在轨道运输巷的东侧存在一视电阻率小于 3 Ω·m 的低阻区,且在工作面的西北部有一区域,视电阻率仅由注浆改造前的 3 Ω·m 增大到 4 Ω·m,推测是由于越往深部裂隙连通性好,钻孔涌水量大,充填后部分浆液被地下水带到其他区域,或者由于岩溶裂隙发育,浆液未完全充填裂隙。

另外在白庄矿 8502 工作面底板奥灰上部注浆改造过程中,8502-奥 64 注浆孔进入奥灰垂深为 49.9 m,总共注入水泥 1 015.63 t、黏土 1 296.82 t,注浆过程中钻孔一直未起压,说明该注浆孔进入了 Ⅳ 溶孔-溶管网络带。因此,在注浆改造厚度允许的情况下,奥灰上部注浆改造的层位不应超过奥灰顶界面以下 45 m 层位的范围。

7.3.3　综合分析

根据钻探验证及物探探测成果,综合分析如下:

（1）白庄矿 8806 工作面底板奥灰上部岩溶裂隙富水性在垂向上规律明

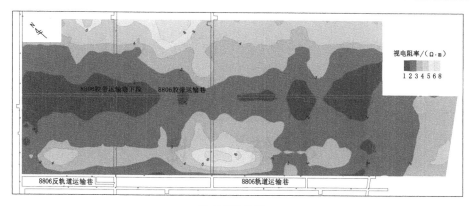

(a) 注浆改造前

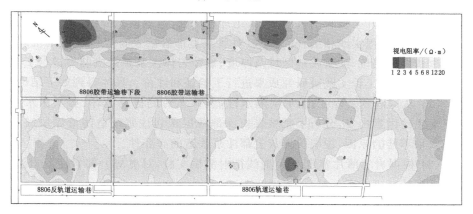

(b) 注浆改造后

图 7-8　注浆改造前后奥灰顶界面以下 40 m 层位物探成果

显,即越往深部裂隙越发育,富水性越强;奥灰顶界面层位富水性较弱,裂隙不发育或者充填性好;奥灰顶界面以下 10～20 m 层位富水性增强,裂隙发育;奥灰顶界面以下 30～40 m 层位富水性显著增强,裂隙明显比 10～20 m 层位发育。

（2）注浆以后导致奥灰在垂向上富水性明显减弱的深部范围为从奥灰顶界面至其以下 40 m 的深度范围内,在奥灰顶界面以下 40 m 层位的富水性改变不如 30 m 层位。因此,奥灰上部注浆改造最有效的层位是奥灰顶界面以下 0～40 m 的层位。

（3）肥城煤田深部奥灰岩溶通道或主径流带层位大约在 45 m 以下,注浆孔设计深度不应超过此值。

8 结 论

针对肥城煤田深部薄层灰岩注浆改造防治底板突水效果不佳的情况,开展了奥灰上部岩溶发育规律及注浆加固研究。在充分收集肥城煤田钻探资料、物探资料及开采资料的基础上,采用理论研究、数值模拟分析、实验室鉴定与测试、现场工程实践相结合的方法,对奥灰上部岩溶发育规律及成因机理、注浆改造合适层位、注浆改造区域及厚度、裂隙岩体注浆扩散机制等进行了深入研究,并通过工程实践对研究成果进行了验证和评价。具体得到如下结论:

(1) 从构造复杂程度、隔水层隔水性能、矿压对底板的破坏、奥灰水水压等突水主控因素出发,分析了肥城煤田深部薄层灰岩注浆改造防治煤层底板突水效果不佳的原因,说明了奥灰上部注浆改造的必要性。

(2) 根据岩芯薄片鉴定及 X 射线衍射测试实验,对奥灰上部岩性及岩溶-裂隙微观特征进行了分析。

① 肥城煤田奥灰上部岩性比较简单,主要是石灰岩,其次为白云质灰岩和白云岩。矿物组分则主要是方解石($CaCO_3$),其次是白云石[$CaMg(CO_3)_2$],为岩溶发育奠定了物质基础。

② 奥灰顶界面以下各层段岩溶-裂隙微观特征具有明显的垂向层带性:奥灰顶界面以下 0~5 m 范围内,裂隙发育但多数被充填;奥灰顶界面以下 5~20 m 范围内,裂隙较发育,部分被充填;奥灰顶界面以下 20~45 m 范围内,溶孔、溶隙较发育,裂隙连通性好,具有溶蚀现象,且越往下越明显;奥灰顶界面以下 45~70 m 范围内,溶孔、溶隙均发育,溶蚀作用非常强烈;奥灰顶界面以下 70~100 m 范围内,裂隙发育一般,多数被充填,溶蚀作用不明显。

(3) 综合岩芯薄片鉴定和 X 射线衍射测试揭露的奥灰上部岩溶-裂隙微观特征、地面钻孔揭露的奥灰上部岩溶-裂隙宏观特征及井下钻孔揭露的奥灰上部涌水特征,找出了奥灰上部岩溶-裂隙发育规律,建立了肥城煤田奥灰上部岩溶-裂隙垂向层带模式,即奥灰上部自上而下划分为 5 个层带:Ⅰ顶部隔水带(0~5 m 层位),Ⅱ裂隙网络带(5~20 m 层位),Ⅲ溶隙-溶孔网络带(20~

45 m 层位)、Ⅳ溶孔-溶管网络带(45～90 m 层位)和Ⅴ底部隔水带(90～150 m 层位)。从碳酸盐岩的物质成分及结构特征、古岩溶后期充填等因素,揭示了奥灰上部岩溶-裂隙垂向层带的成因机理,确定了适合奥灰上部注浆改造的层位:0～45 m 层位是适合注浆改造的层位,其中 5～20 m 是最佳层位。

(4)在传统突水系数法的基础上,建立了融合突水系数-构造信息的奥灰突水危险性评判体系,即 T-G 评判体系。根据 T-G 评判体系,对 8 煤层和 10 煤层底板奥灰突水危险性评判分区为:安全区,$T<0.06$ MPa/m,或 0.06 MPa/m$\leqslant T<0.10$ MPa/m 且 $G<0.3$;危险区,0.06 MPa/m$\leqslant T<0.10$ MPa/m 且 $G\geqslant0.3$,或 $T\geqslant0.10$ MPa/m。同时根据 T-G 评判体系,确定了奥灰上部注浆改造区域,推导了奥灰上部注浆改造厚度公式。

(5)综合奥灰水水压、隔水层厚度、构造复杂指数、脆性岩比率、煤层底板破坏深度 5 个主控因素,利用 GRA 和专家打分法对各主控因素对奥灰突水的重要程度进行了评价,在此基础上利用 FDAHP 对主观评价和客观评价进行了模糊融合,确定了各主控因素的权重,然后结合 TOPSIS 对奥灰突水危险性进行评判,建立了基于 GRA-FDAHP-TOPSIS 的多因素奥灰突水危险性评判模型,并根据矿区工作面安全开采区域及突水区域的奥灰突水评判值(OR)确定了安全区和危险区的分区阈值,分别为 0.533 和 0.427。根据分区阈值将 8 煤层底板奥灰突水危险性评判分区为:危险区,$OR\geqslant0.533$;较危险区,$0.427<OR<0.533$;安全区,$OR\leqslant0.427$。根据多因素评判模型,确定了奥灰上部注浆改造区域。

(6)基于流体运动方程、连续性方程,构建了考虑黏土水泥浆液黏度时空变化的裂隙岩体注浆扩散控制方程,利用 MATLAB 软件计算了不同注浆参数下的浆液扩散距离,并利用 COMSOL Multiphysics 模拟软件建立了单一平板裂隙数值计算模型,对单一平板裂隙注浆进行了模拟。研究表明,浆液扩散距离由注浆压力与地下水压力差、裂隙隙宽、浆液黏度、注浆速率等因素综合决定。

① 提高注浆终压有助于浆液扩散距离的增大,但当注浆压力与地下水压力差大于 5 MPa 时,提高注浆终压对增大浆液扩散距离的作用不明显。在注浆实践中,单纯提高注浆终压以增大浆液扩散距离的作用是有限的,注浆终压选择比地下水压力高 3～5 MPa 是合适的。

② 裂隙隙宽对浆液扩散距离的影响较大,裂隙隙宽越大,浆液扩散距离越大,在相同的注浆条件下,所达到的充填范围是不同的。根据奥灰上部裂隙垂向层带特征,在注浆实践中,注浆孔布置宜采用分序次方式,即先疏(Ⅰ)后密(Ⅱ)、中间补插(Ⅲ),其中Ⅰ、Ⅱ序次注浆孔全面注浆,孔深按照注浆改造厚

度布置，Ⅲ序次注浆孔作为检查孔，对注浆改造效果进行检验，同时起到对未被充填加固好的薄弱区域进行加固的作用。

③ 在注浆实践中，裂隙隙宽较小时，高速率注浆导致升压快，相对于小速率注浆浆液扩散得近，可以通过适当升高注浆压力、减小注浆速率的方式增大浆液的扩散范围；而当裂隙隙宽较大时，小速率注浆会导致升压缓慢、注浆时间长，而且容易阻塞管路，可以通过适当增大注浆速率的方式减小浆液的扩散范围，防止大量跑浆。

（7）针对白庄矿 8806 工作面具体工程地质条件，利用 T-G 评判体系和多因素评判模型，对该工作面底板奥灰突水危险性进行了评价，确定了该工作面 8 煤层开采受奥灰突水威胁较大，需要实施奥灰上部注浆改造，从整个工作面总体来考虑，确定为奥灰上部完全注浆改造区，并根据注浆改造厚度公式确定注浆改造厚度为 28.28～43.90 m。根据裂隙岩体注浆扩散控制模型，确定注浆终压为 8.5 MPa，注浆孔间距为 25～30 m，注浆孔分三个序次施工，其中Ⅰ序次注浆孔起到探查的作用，据此调整注浆参数，再施工Ⅱ序次注浆孔，然后根据前两序次注浆情况确定Ⅲ序次注浆孔，并进行检查和补充注浆。经过钻探验证和物探探测，奥灰上部注浆改造效果较好，实现了该工作面安全回采，为奥灰上部注浆改造实践提供了参考依据。

参 考 文 献

[1] 张文泉.矿井(底板)突水灾害的动态机理及综合判测和预报软件开发研究[D].青岛:山东科技大学,2004.

[2] 赵铁锤.华北地区奥灰水综合防治技术[M].北京:煤炭工业出版社,2006.

[3] SHI L Q,QIU M,WEI W X,et al. Water inrush evaluation of coal seam floor by integrating the water inrush coefficient and the information of water abundance [J]. International journal of mining science and technology,2014,24(5):677-681.

[4] 邓奇根,刘明举,赵发军.2008年我国煤矿事故统计分析及防范措施[J].煤炭技术,2010,29(6):14-16.

[5] 尹尚先,王尚旭,武强.陷落柱突水模式及理论判据[J].岩石力学与工程学报,2004,23(6):964-968.

[6] 施龙青,韩进.底板突水机理及预测预报[M].徐州:中国矿业大学出版社,2004.

[7] 施龙青.突水系数由来及其适用性分析[J].山东科技大学学报(自然科学版),2012,31(6):6-9.

[8] 葛亮涛.关于煤矿底鼓水力学机制的探讨[J].煤田地质与勘探,1986(1):33-38.

[9] 郭惟嘉,刘杨贤.底板突水系数概念及其应用[J].河北煤炭,1989(2):56-60.

[10] 施龙青.底板突水机理研究综述[J].山东科技大学学报(自然科学版),2009,28(3):17-23.

[11] 煤炭工业部.矿井水文地质规程(试行)[M].北京:煤炭工业出版社,1984.

[12] 国家煤炭工业局.建筑物、水体、铁路及主要井巷煤柱留设与压煤开采规

程[M].北京:煤炭工业出版社,2000.

[13] 国家安全生产监督管理总局,国家煤矿安全监察局.煤矿防治水规定[M].北京:煤炭工业出版社,2009.

[14] 国家煤矿安全监察局.煤矿防治水细则[M].北京:煤炭工业出版社,2018.

[15] 李加祥,李白英.受承压水威胁的煤层底板"下三带"理论及其应用[J].中州煤炭,1990(5):6-8.

[16] 李白英.预防矿井底板突水的"下三带"理论及其发展与应用[J].山东矿业学院学报(自然科学版),1999,18(4):11-18.

[17] 国家安全生产监督管理总局,国家煤矿安全监察局,国家能源局,等.建筑物、水体、铁路及主要井巷煤柱留设与压煤开采规范[M].北京:煤炭工业出版社,2017.

[18] 王作宇,刘鸿泉.煤层底板突水机制的研究[J].煤田地质与勘探,1989(1):36-39,71-72.

[19] 王作宇,刘鸿泉.承压水上采煤[M].北京:煤炭工业出版社,1993.

[20] 张金才.煤层底板突水预测的理论与实践[J].煤田地质与勘探,1989(4):38-41,71.

[21] 张金才,刘天泉.论煤层底板采动裂隙带的深度及分布特征[J].煤炭学报,1990,15(2):46-55.

[22] ZHANG J C,SHEN B H. Coal mining under aquifers in China:a case study[J]. International journal of rock mechanics and mining sciences,2004,41(4):629-639.

[23] 许学汉,王杰,等.煤矿突水预报研究[M].北京:地质出版社,1991.

[24] 黎良杰,钱鸣高,闻全,等.底板岩体结构稳定性与底板突水关系的研究[J].中国矿业大学学报,1995,24(4):18-23.

[25] 煤炭科学研究总院西安分院.煤炭科学研究总院西安分院文集:第5集(1991)[C].西安:陕西科学技术出版社,1992.

[26] 李抗抗,王成绪.用于煤层底板突水机理研究的岩体原位测试技术[J].煤田地质与勘探,1997,25(3):31-34.

[27] 施龙青,宋振骐.采场底板"四带"划分理论研究[J].焦作工学院学报(自然科学版),2000,19(4):241-245.

[28] 施龙青,韩进.开采煤层底板"四带"划分理论与实践[J].中国矿业大学学报,2005,34(1):16-23.

[29] 马海龙,杨敏,夏群.对基于渗透注浆理论公式的探讨[J].工业建筑,

2000,30(2):47-50,61.

[30] 蒋伟成,倪文耀.钻孔注浆的理论分析和控制技术[J].煤矿安全,1999(4):
14-15.

[31] 潘志强,张彬.均匀砂层渗透注浆计算方法的研究[J].岩土工程界,
2004(5):34-37.

[32] 杨志全,侯克鹏,梁维,等.牛顿流体柱-半球面渗透注浆形式扩散参数的
研究[J].岩土力学,2014,35(增刊2):17-24.

[33] 王渊.基于多孔介质迂曲度的牛顿流体渗透注浆机制研究[D].昆明:昆
明理工大学,2020.

[34] 杨秀竹,雷金山,夏力农,等.幂律型浆液扩散半径研究[J].岩土力学,
2005,26(11):1803-1806.

[35] 杨秀竹.静动力作用下浆液扩散理论与试验研究[D].长沙:中南大
学,2005.

[36] 杨坪.砂卵(砾)石层模拟注浆试验及渗透注浆机理研究[D].长沙:中南
大学,2005.

[37] 钱自卫,姜振泉,曹丽文.渗透注浆浆液扩散半径计算方法研究及应用
[J].工业建筑,2012,42(7):100-104.

[38] 李慎刚.砂性地层渗透注浆试验及工程应用研究[D].沈阳:东北大
学,2010.

[39] 孙斌堂,凌贤长,凌晨,等.渗透注浆浆液扩散与注浆压力分布数值模拟
[J].水利学报,2007,37(11):1402-1407.

[40] 杨志全,侯克鹏,郭婷婷,等.黏度时变性宾汉体浆液的柱-半球形渗透注
浆机制研究[J].岩土力学,2011,32(9):2697-2703.

[41] 叶飞,刘燕鹏,苟长飞,等.盾构隧道壁后注浆浆液毛细管渗透扩散模型
[J].西南交通大学学报,2013,48(3):428-434.

[42] 李术才,冯啸,刘人太,等.考虑渗滤效应的砂土介质注浆扩散规律研究
[J].岩土力学,2017,38(4):925-933.

[43] 张焜.考虑迂曲度的多孔介质渗透注浆机理研究[D].昆明:昆明理工大
学,2019.

[44] 苏培莉.裂隙煤岩体注浆加固渗流机理及其应用研究[D].西安:西安科
技大学,2010.

[45] BAKER C. Comments on paper rock stabilization in rock mechanics
[M]. New York:Springer-Verlag,1974.

[46] 罗平平.裂隙岩体可灌性及灌浆数值模拟研究[D].南京:河海大

学,2006.

[47] 罗平平,李志平,范波,等. 倾斜单裂隙宾汉浆液流动模型理论研究[J]. 山东科技大学学报(自然科学版),2010,29(1):43-47.

[48] 许万忠,潘进兵,周治平,等. 节理裂隙岩体注浆渗透模型分析[J]. 中国铁道科学,2010,31(3):47-51.

[49] 郝哲,王介强,刘斌. 岩体渗透注浆的理论研究[J]. 岩石力学与工程学报,2001,20(4):492-496.

[50] 刘嘉材. 聚氨酯灌浆原理和技术[J]. 水利学报,1980(1):71-75.

[51] 张良辉. 岩土灌浆渗流机理及渗流力学[D]. 北京:北方交通大学,1996.

[52] 石达民. 驱水注浆过程中浆液运动规律及其对参数计算的影响[J]. 金属矿山,1988(2):28-33.

[53] 黄耀光. 深部破裂围岩锚注浆液渗流扩散机理研究[D]. 徐州:中国矿业大学,2015.

[54] 隆巴蒂. 灌浆强度的选择[J]. 彭尚仕,译. 水利水电快报,1997,18(2):1-6.

[55] LOMBARDI G. The role of cohesion in cement grouting of rock[C]//Proceedings of the 15th Congress on Large Dams. Paris:ICOLD,1985:235-261.

[56] 基帕科,等. 大喀斯特溶洞的注浆堵水[J]. 剑万禧,译. 世界煤炭技术,1986(2):126-132.

[57] WITTKE W,张金接. 采用膏状稠水泥浆灌浆新技术[C]//中国岩石力学与工程学会. 现代灌浆技术译文集. 北京:水利电力出版社,1991:48-58.

[58] 熊厚金,林天健,李宁. 岩土工程化学[M]. 北京:科学出版社,2001.

[59] 卢什尼科娃. 根据钻孔流量仪测定资料确定岩石的裂隙性质[J]. 贺江秋,译. 国外煤田地质,1987(2):17-19.

[60] 杨晓东,张怀友,张金接. 大孔隙地层水泥膏浆灌浆技术[J]. 水利水电技术,1991(4):42-46.

[61] HÄSSLER L,HÅKANSSON U,STILLE H. Computer-simulated flow of grouts in jointed rock [J]. Tunnelling and underground space technology,1992,7(4):441-446.

[62] 黄春华. 裂隙灌浆宾汉流体扩散能力研究[J]. 广东水利水电,1997(2):13-17.

[63] 郑长成. 裂隙岩体灌浆的模拟研究[D]. 长沙:中南工业大学,1999.

[64] 阮文军.浆液基本性能与岩体裂隙注浆扩散研究[D].长春:吉林大学,2003.

[65] 郑玉辉.裂隙岩体注浆浆液与注浆控制方法的研究[D].长春:吉林大学,2005.

[66] 李术才,刘人太,张庆松,等.基于黏度时变性的水泥-玻璃浆液扩散机制研究[J].岩石力学与工程学报,2013,32(12):2415-2421.

[67] 李术才,韩伟伟,张庆松,等.地下工程动水注浆速凝浆液黏度时变特性研究[J].岩石力学与工程学报,2013,32(1):1-7.

[68] 张庆松,张连震,张霄,等.基于浆液黏度时空变化的水平裂隙岩体注浆扩散机制[J].岩石力学与工程学报,2015,34(6):1198-1210.

[69] 章敏,王星华,汪优.Herschel-Bulkley浆液在裂隙中的扩散规律研究[J].岩土工程学报,2011,33(5):815-820.

[70] 朱明听.单一裂隙注浆扩散及封堵机理的数值模拟研究[D].济南:山东大学,2013.

[71] 熊加路.考虑岩体裂隙粗糙度的动水注浆模拟试验[D].徐州:中国矿业大学,2017.

[72] 张连震,张庆松,刘人太,等.基于浆液-岩体耦合效应的微裂隙岩体注浆理论研究[J].岩土工程学报,2018,40(11):2003-2011.

[73] 王晓晨,刘人太,杨为民,等.考虑水泥浆液析水作用的水平裂隙注浆扩散机制研究[J].岩石力学与工程学报,2019,38(5):1005-1017.

[74] 张伟杰.隧道工程富水断层破碎带注浆加固机理及应用研究[D].济南:山东大学,2014.

[75] 黄戡.裂隙岩体中隧道注浆加固理论研究及工程应用[D].长沙:中南大学,2011.

[76] 白云,侯学渊.软土地基劈裂注浆加固的机理和应用[J].岩土工程学报,1991,13(2):89-93.

[77] 陈愈炯.压密和劈裂灌浆加固地基的原理和方法[J].岩土工程学报,1994,16(2):22-28.

[78] 王广国,杜明芳,苗兴城.压密注浆机理研究及效果检验[J].岩石力学与工程学报,2000,19(5):670-673.

[79] 冯冰.深埋破碎岩体劈裂渗透及卸压诱导注浆扩散机制[D].徐州:中国矿业大学,2017.

[80] 谢聪.朱仙庄煤矿"四含"砂砾层劈裂注浆浆液扩散规律研究[D].徐州:中国矿业大学,2019.

［81］刘向阳,程桦,黎明镜,等.基于浆液流变性的深埋岩层纵向劈裂注浆理论研究[J].岩土力学,2021,42(5):1373-1380,1394.

［82］张振峰.千米深井巷道高压劈裂注浆围岩加固机理与技术研究[D].北京:煤炭科学研究总院,2021.

［83］GRAF E D. Compaction grouting technique and observations[J]. ASCE soil mechanics and foundations division journal,1969,95(5):1151-1158.

［84］BROWN D R, WARNER J. Compaction grouting [J]. ASCE soil mechanics and foundations division journal,1973,99(8):589-601.

［85］BAKER W H,CORDING E J,MACPHERSON H H. Compaction grouting to control ground movements during tunneling[J]. Underground space, 1982,7(3):205-213.

［86］韩金田.复合注浆技术在地基加固中的应用研究[D].长沙:中南大学,2007.

［87］李向红.CCG 注浆技术的理论研究和应用研究[D].上海:同济大学,2002.

［88］胡焕校,张剑,杨万松,等.基于土体 $\varepsilon\text{-}p$ 曲线模型的压密注浆影响半径研究[J].水资源与水工程学报,2019,30(4):195-200.

［89］张浩,施成华,彭立敏,等.模袋袖阀管压密注浆的注浆压力理论计算方法研究[J].岩土力学,2020,41(4):1313-1322.

［90］于树春.煤层底板含水层大面积注浆改造技术[M].北京:煤炭工业出版社,2014.

［91］施龙青,卜昌森,魏久传,等.华北型煤田奥灰岩溶水防治理论与技术[M].北京:煤炭工业出版社,2015.

［92］李博.恒源煤矿 6 煤层底板含水层注浆改造参数优化研究[D].淮南:安徽理工大学,2013.

［93］周盛全.煤系岩溶含水层注浆改造参数优化与效果评价[D].淮南:安徽理工大学,2015.

［94］许延春,杨扬.回采工作面底板注浆加固防治水技术新进展[J].煤炭科学技术,2014,42(1):98-101,120.

［95］王慧涛.煤矿底板突水机制与新型注浆材料加固机理及工程应用研究[D].济南:山东大学,2020.

［96］胡焌彭.煤层底板注浆加固多分支水平井钻井工艺技术研究[D].北京:煤炭科学研究总院,2020.

［97］安许良.大水垂比地面定向水平孔煤层底板注浆防治水技术[J].煤炭科

学技术,2018,46(11):126-132.

[98] 王佳豪.桃园煤矿底板含水层顺层水平钻孔注浆治理浆液扩散试验研究[D].徐州:中国矿业大学,2019.

[99] 吴基文,沈书豪,翟晓荣,等.煤层底板注浆加固效果波速探查与评价[J].物探与化探,2014,38(6):1302-1306.

[100] 张彪,王越.基于水平取心的煤层底板注浆加固检验方法研究及应用[J].中国煤炭地质,2017,29(1):57-58,72.

[101] 苏维海.邢台矿区奥灰顶部注浆改造可行性分析[J].河北煤炭,2012(1):1-2,20.

[102] 马金伟,肖猛.肥城矿区奥灰顶部注浆改造技术[J].山东工业技术,2014(16):65.

[103] 刘美娟.肥城煤田奥陶系灰岩岩溶发育规律及其控制因素研究[D].青岛:山东科技大学,2011.

[104] 桑红星.帷幕截流技术在大水矿井治水中的应用[D].青岛:山东科技大学,2005.

[105] 张兆强,孔祥逊.井下钻孔注浆治理奥灰水技术[J].中国煤田地质,2003,15(2):41-43.

[106] 施龙青,邱梅,牛超,等.肥城煤田奥灰顶部注浆加固可行性分析[J].采矿与安全工程学报,2015,32(3):356-362.

[107] 徐志英.岩石力学[M].3版.北京:中国水利水电出版社,2005.

[108] 宋振骐.实用矿山压力控制[M].徐州:中国矿业大学出版社,1988.

[109] 蒋金泉.采场围岩应力与运动[M].北京:煤炭工业出版社,1993.

[110] 施龙青,宋振骐.肥城煤田深部开采突水评价[J].煤炭学报,2000,25(3):273-277.

[111] 韩进,施龙青,翟培合,等.多属性决策及D-S证据理论在底板突水决策中的应用[J].岩石力学与工程学报,2009,28(增刊2):3727-3732.

[112] 施龙青,高延法,尹增德,等.肥城煤田滑动构造在矿井水害中的作用[J].中国矿业大学学报,1998,27(4):356-360.

[113] 魏久传,吕祥佑.肥城矿区煤系中的顺层断层[J].煤田地质与勘探,1992,20(6):8-11.

[114] 王金安,魏现昊,陈绍杰.承压水体上开采底板岩层破断及渗流特征[J].中国矿业大学学报,2012,41(4):536-542.

[115] 王作宇,张建华,刘鸿泉,等.承压水上近距煤层重复采动的底板岩体移动规律[J].煤炭科学技术,1995,23(2):9-12.

[116] 于小鸽,施龙青,韩进,等.损伤底板破坏深度预测理论及应用[M].北京:煤炭工业出版社,2016.

[117] 牛超.近距离多煤层重复采动底板破坏机理[D].青岛:山东科技大学,2015.

[118] 高延法,于永辛,牛学良.水压在底板突水中的力学作用[J].煤田地质与勘探,1996,24(6):37-39.

[119] 姚泾利,王兰萍,张庆,等.鄂尔多斯盆地南部奥陶系古岩溶发育控制因素及展布[J].天然气地球科学,2011,22(1):56-65.

[120] 冯志刚,王世杰,刘秀明,等.酸不溶物对碳酸盐岩风化壳发育程度的影响[J].地质学报,2009,83(6):885-893.

[121] 张凤娥,卢耀如,郭秀红,等.复合岩溶形成机理研究[J].地学前缘,2003,10(2):495-500.

[122] 何宇彬,金玉璋,李康.碳酸盐岩溶蚀机理研究[J].中国岩溶,1984(2):12-16.

[123] 施龙青,邱梅,韩进,等.矿井地质构造定量化预测[M].北京:煤炭工业出版社,2014.

[124] 施龙青,滕超,李常松,等.华恒井田断层量化及对底板灰岩突水的影响[J].煤矿安全,2015,46(9):23-26.

[125] 施龙青,邱梅,滕超,等.基于灰色关联分析-Elman 神经网络的矿井小断层延展长度预测[J].煤矿安全,2014,45(11):214-217.

[126] 武强,樊振丽,刘守强,等.基于 GIS 的信息融合型含水层富水性评价方法:富水性指数法[J].煤炭学报,2011,36(7):1124-1128.

[127] WU Q, FAN S K, ZHOU W F, et al. Application of the analytic hierarchy process to assessment of water inrush: a case study for the No. 17 coal seam in the Sanhejian coal mine, China[J]. Mine water and the environment, 2013, 32(3): 229-238.

[128] DENG J L. Introduction to grey system theory[J]. The journal of grey system, 1989, 1(1): 1-24.

[129] DENG J L. Control problems of grey systems[J]. System & control letters, 1982, 1(5): 288-294.

[130] SAATY T L. The analytic hierarchy process[M]. New York: McGraw-Hill, 1980.

[131] HOSEINIE S H, ATAEI M, OSANLOO M. A new classification system for evaluating rock penetrability[J]. International journal of rock mechanics

and mining sciences,2009,46(8):1329-1340.

[132] MIKAEIL R,OZCELIK Y,YOUSEFI R,et al. Ranking the sawability of ornamental stone using Fuzzy Delphi and multi-criteria decision-making techniques[J]. International journal of rock mechanics and mining sciences,2013,58:118-126.

[133] 蔡海兵,程桦.基于 FDAHP 理论的深部岩体分级方法[J].水文地质工程地质,2012,39(6):43-49.

[134] QIU M,SHI L Q,TENG C,et al. Assessment of water inrush risk using the Fuzzy Delphi analytic hierarchy process and grey relational analysis in the Liangzhuang coal mine,China[J]. Mine water and the environment,2017,36(1):39-50.

[135] HAYATY M,TAVAKOLI MOHAMMADI M R,REZAEI A,et al. Risk assessment and ranking of metals using FDAHP and TOPSIS [J]. Mine water and the environment,2014,33(2):157-164.

[136] 王洪恩.黏土水泥浆物理力学性能的试验研究[J].水利水电技术,1982 (6):58-64.

[137] 冉景太.黏土水泥浆液性能研究[D].昆明:昆明理工大学,2010.

[138] 阮文军.注浆扩散与浆液若干基本性能研究[J].岩土工程学报,2005, 27(1):69-73.

[139] 陈清通.采空区注浆加固治理浆液流动规律研究[D].阜新:辽宁工程技术大学,2008.

[140] 许茜.注浆材料的抗水性能及渗透注浆扩散规律数值模拟研究[D].济南:山东大学,2010.

[141] 刘一南.黏度时变性浆材对松散地层加固的研究与应用[D].成都:成都理工大学,2014.

[142] 张金娟.黏土固化浆液渗透注浆理论与数值模拟在砾砂、卵石土层中的应用研究[D].大连:大连海事大学,2009.

[143] 景思睿,张鸣远.流体力学[M].西安:西安交通大学出版社,2001.

[144] 赵学端,廖其奠.黏性流体力学[M].北京:机械工业出版社,1983.

[145] 朱红光.破断岩体裂隙的流体流动特性研究[D].北京:中国矿业大学(北京),2012.

[146] 刘人太.水泥基速凝浆液地下工程动水注浆扩散封堵机理及应用研究[D].济南:山东大学,2012.

[147] 阮文军.基于浆液黏度时变性的岩体裂隙注浆扩散模型[J].岩石力学

与工程学报,2005,24(15):2709-2714.

[148] 黄河飞.基于COMSOL的注浆渗透扩散规律数值研究[J].科技资讯,
2015,13(14):250.

[149] 张春梅.水气两相流在单裂隙岩体中运移规律的数值模拟研究[D].阜
新:辽宁工程技术大学,2010.

[150] 闫国亮.基于均匀化方法的缝洞型介质单相和两相流渗透率理论与数
值模拟研究[D].青岛:中国石油大学(华东),2010.

[151] 马慧,王刚.COMSOL Multiphysics 基本操作指南和常见问题解答
[M].北京:人民交通出版社,2009.